《 戴明管理經典 》

新經濟學

THE NEW ECONOMICS
for Industry, Government, Education

產、官、學一體適用，回歸人性的經營哲學

W. EDWARDS DEMING

愛德華‧戴明—著

譯—鍾漢清

THE NEW ECONOMICS *for industry, government, education* by W. Edwards Deming
Originally published in 1994 by Massachusetts Institute of Technology, Center for
Advanced Educational Services, Cambridge, Massachusetts.
Copyright ©1994 The W. Edwards Deming Institute
Chinese (complex character only) translation copyright © 2015 by EcoTrend Publications,
a division of Cité Publishing Ltd. Published by arrangement with The MIT Press through
Bardon-Chinese Media Agency.
ALL RIGHTS RESERVED

經營管理 127

【戴明管理經典】

新經濟學：產、官、學一體適用，回歸人性的經營哲學

作　　　者	愛德華・戴明（W. Edwards Deming）
譯　　　者	鍾漢清
責 任 編 輯	林博華
行 銷 業 務	劉順眾、顏宏紋、李君宜
總 編 輯	林博華
發 行 人	涂玉雲
出　　　版	經濟新潮社
	104台北市中山區民生東路二段141號5樓
	電話：（02）2500-7696　傳真：（02）2500-1955
	經濟新潮社部落格：http://ecocite.pixnet.net
發　　　行	英屬蓋曼群島商家庭傳媒股份有限公司城邦分公司
	104台北市中山區民生東路二段141號11樓
	客服服務專線：02-25007718；25007719
	24小時傳真專線：02-25001990；25001991
	服務時間：週一至週五上午09:30~12:00；下午13:30~17:00
	劃撥帳號：19863813　戶名：書虫股份有限公司
	讀者服務信箱：service@readingclub.com.tw
香港發行所	城邦（香港）出版集團有限公司
	香港灣仔駱克道193號東超商業中心1樓
	電話：852-25086231　傳真：852-25789337
	E-mail: hkcite@biznetvigator.com
馬新發行所	城邦（馬新）出版集團 Cite (M) Sdn Bhd
	41, Jalan Radin Anum, Bandar Baru Sri Petaling,
	57000 Kuala Lumpur, Malaysia.
	電話：603-90578822　傳真：603-90576622
	E-mail: cite@cite.com.my
印　　　刷	漾格科技股份有限公司
初 版 一 刷	2015年12月22日
初 版 二 刷	2019年 2 月11日

城邦讀書花園
www.cite.com.tw

ISBN：978-986-6031-78-6

定價：450元

Printed in Taiwan

〈出版緣起〉
我們在商業性、全球化的世界中生活

經濟新潮社編輯部

　　跨入二十一世紀，放眼這個世界，不能不感到這是「全球化」及「商業力量無遠弗屆」的時代。隨著資訊科技的進步、網路的普及，我們可以輕鬆地和認識或不認識的朋友交流；同時，企業巨人在我們日常生活中所扮演的角色，也是日益重要，甚至不可或缺。

　　在這樣的背景下，我們可以說，無論是企業或個人，都面臨了巨大的挑戰與無限的機會。

　　本著「以人為本位，在商業性、全球化的世界中生活」為宗旨，我們成立了「經濟新潮社」，以探索未來的經營管理、經濟趨勢、投資理財為目標，使讀者能更快掌握時代的脈動，抓住最新的趨勢，並在全球化的世界裏，過更人性的生活。

　　之所以選擇「**經營管理—經濟趨勢—投資理財**」為主要目標，其實包含了我們的關注：「經營管理」是企業體（或非營利組織）的成長與永續之道；「投資理財」是個人的安身

之道；而「經濟趨勢」則是會影響這兩者的變數。綜合來看，可以涵蓋我們所關注的「個人生活」和「組織生活」這兩個面向。

這也可以說明我們命名為「經濟新潮」的緣由——因為經濟狀況變化萬千，最終還是群眾心理的反映，離不開「人」的因素；這也是我們「以人為本位」的初衷。

手機廣告裏有一句名言：「科技始終來自人性。」我們倒期待「商業始終來自人性」，並努力在往後的編輯與出版的過程中實踐。

目　次

戴明博士生平簡介

40多年來，愛德華·戴明（W. Edwards Deming, 1900-1993）所經營的顧問事業，業務蒸蒸日上，遍及全世界。他的客戶包括製造業的公司、電話公司、鐵道公司、貨運公司、消費者研究單位、人口普查局的方法學、醫院、法務公司、政府機構，以及大學及產業內的研究組織。

戴明博士的方法，對於美國的製造業和服務業的衝擊，力道很深遠。他領導的品質革命，席捲全美國，目的在改善國內企業的世界競爭地位。

1987年，美國總統雷根頒發國家技術（工程）獎章（National Medal of Technology）給戴明博士。他在1988年獲頒美國國家科學院（National Academy of Sciences）的傑出科學事業成就獎（Distinguished Career in Science award）。

戴明博士還有很多獎章，包括1956年美國品質管制協會（American Society for Quality Control）頒贈的休哈特獎章（Shewhart Medal），以及美國統計學會（American Statistical Association）1983年頒的威爾克斯獎（Samuel S. Wilks

Award）。1980年，美國品質管制協會紐約大都會分部，著手設立年度的戴明獎（Deming Prize）〔譯注：此獎在戴明博士過世後，歸美國品質協會（American Society for Quality）管理〕頒給對品質和生產力有貢獻的人。戴明博士是國際統計學會（International Statistical Institute）會員，他於1983年榮獲國家工程學院院士（National Academy of Engineering），1986年入選位於俄亥俄州代頓的科技名人堂（Science and Technology Hall of Fame in Dayton），1991年入選汽車名人堂（Automotive Hall of Fame）。

　　戴明博士最為著名的，也許是他在日本的功績，從1950年起，多次到日本為企業高階主管和工程師開設品質管理課程。他的教導對於日本的經濟發展，有顯著的提升作用。日本科學技術聯盟（JUSE，Union of Japanese Science and Engineering Institute，日文漢字寫為「日科技連」）為感謝他的貢獻，設立年度的日本戴明獎，頒給對產品的品質和可靠性有功的人士和組織。1960年，日本裕仁天皇頒給他「二等瑞寶獎章」。

　　戴明博士1928年取得耶魯大學的數理物理學博士學位。下述的大學授予他榮譽博士學位（honoris causa，頭銜為LL.D和Sc.D兩種）：懷俄明大學（University of Wyoming）、里維埃學院（Rivier College）、馬里蘭大學、俄亥俄州立大學、克拉克森技術大學（Clarkson College）、邁阿密大學、喬

治‧華盛頓大學、科羅拉多大學、福特漢姆大學（Fordham University）、阿拉巴馬大學、俄勒岡州立大學（Oregon State University）、美國大學（American University）、南卡羅來納大學、耶魯大學、哈佛大學、克利里學院（Cleary College）、雪蘭多大學（Shenandoah University）。耶魯大學還頒贈給他威爾伯‧盧修斯十字獎章（Wilbur Lucius Cross Medal）（譯注：此為傑出校友獎；里維埃學院贈他耶穌的瑪德琳獎章）。

　　戴明博士的著作計有專書數本和論文171篇，1986年出版的《轉危為安》（*Out of the Crisis*）已翻譯成多國語言版本。關於他的生平、哲學與學說，以及在全球成功應用案例的書籍、影片和視聽教材等，數量極多。他開設四日研討會（four-day seminar）超過10年以上，總計有超過萬名學員報名與參與。

2015年版導言

文／凱文・卡希爾、凱利・艾倫

譯注：此文由凱文・卡希爾〔Kevin Edwards Cahill，美國戴明學院（WEDI，The W. Edwards Deming Institute®）執行理事、創立者理事的繼承人（Successor Founding Trustee），同時也是戴明博士的外孫〕和凱利・艾倫（Kelly L. Allan，美國戴明學院諮詢理事會理事，資深課程輔導師）合著。他們以寫信給讀者的方式撰寫導言，最後並敬祝讀者事業成功。

1993年，愛德華・戴明（以下簡稱戴明博士）生前最後數月，某天他和外孫凱文・卡希爾說：

「他明知自己餘生有限、有志未酬，無法完成一番獨特的事業，深感無力回天、失望不已……。」（編按：戴明以第三人稱的「他」自稱）

戴明博士知道，全球經濟危機業已迫在眉睫（他曾經預言過），而大家卻還沒做好準備。他認為，面臨危機，光是

11

每個人都盡力而為,還不能解決;首要工作,是讓大家知道,他們該做些什麼事,才能進行變革和轉型。他具備可協助各種事業、組織、個人完成轉型的系統和知識,不過,時間很有限。

戴明博士於1993年12月20日去世,至今已經超過20年,全球仍在危機中掙扎(他曾預測到這一點),我們對於他提出的學說的潛力和威力,了解仍然粗淺,只能算是浮光掠影。如果我們能進一步理解、認識和應用他所提倡轉型的戴明淵博知識系統(The Deming System of Profound Knowledge™,在美國已註冊專利),就能讓各種事業、社區和個人的活力得以恢復,下一代領導者也會有機會施展所長,在快速發展的新世界取得成功。

戴明博士相信他的這兩本書,可提供轉型之路的導引地圖,讓我們面對未來(而不是為了過去)能有所準備。

戴明博士的《轉危為安》(*Out of the Crisis*,1982年初版、1986年改版),幾乎是一本點燃了全球的品質革命的巨著。光是這個貢獻,就足以讓此書贏得一席特殊的歷史地位。當然,這本書的內容豐富,遠超過一般品質管理的範圍;它也包含一套關於人員、流程和資源等的全新的、與眾不同的論述,可做為新型領導及管理方法的基礎。

戴明博士著的《新經濟學：產、官、學一體適用》（*The New Economics for Industry, Government, Education*，1992年初版、1993年第2版），能提升各種組織的效能，達到全新的境界。我們可以從許多獨立的分析報告知道，那些致力於研究戴明學說並加以應用的組織，得以轉型，更為成功，業績達到新水準。

這讓我們有一番洞察（insight），那就是戴明學說已改變全球企業，即使他們的應用僅止於「戴明的『技術』層面的品質管理」，甚至還談不上去落實戴明提倡的「新管理哲學」。

上述這一區別是重要的，因為很多行業或產業，在生產力和品質上都已碰壁。然而，想要翻越這道危險之牆所付的代價愈來愈高。各種組織藉由學習和運用「戴明淵博知識系統」，有機會在管理方法上再次飛躍前進，正如他們第一次應用了技術層面的品質管理取得好績效那般。

研讀《轉危為安》讓我們學到著名的經營和管理新理念上的「管理十四要點和相關的管理惡疾」。整個學習和應用的過程，將像去探索新天地之旅般有趣。此一旅程的導遊，就是戴明博士，他是具獨創性的思想家，如果世上真有創造者（譯注：西方基督教等宗教認為，只有「神」是創造者）。我們在

《新經濟學》中將可繼續此一探索之旅，可讓人學習戴明淵博知識系統（也稱為戴明管理方法和管理的新理念）。

對於各種流行的管理學的庸見和信仰，你已有某些先入為主的想法，那就讓這兩本書去挑戰它們吧。

為什麼這樣說呢？因為重要的是，你要自問：「如果你的管理方式，僅僅是跟隨他人的而已。如此一來，你在競爭上，會有什麼優勢可言？」

你可能犯了常見的錯誤，意即自以為既然複製了所謂業界「最佳實踐」（best practices，或譯為典範實踐），或者模仿其它組織之所以成功的祕訣，就自認可從此高枕無憂。然而，如果你複製他人的方法，並無法讓你擁有持久的競爭力，所以，這種學習他人方法的安心，會轉瞬消失。模仿他人也不能讓你能洞察出機會的根本究竟是什麼，以及自己的組織的議題應該是些什麼。這些管理的洞察力，無法從流行的「最佳實踐」取得，而要從其它截然不同的方法來取得。

我們了解，你可能擔心自己並不知道如何落實新管理法，它不同於最佳管理實務（best management practices）。這樣的擔心雖然是合理的，不過請理解我們說的新管理，祕密就在《轉危為安》和《新經濟學》二書。事實上，二書中的每一個原理、理論和實務是成功的，並已一次次被證明。

書中的原理，都會助人成功、是可靠的、可重複的，並且是一致的，它們遠勝過目前流行的、有缺點的管理實務。

　　從最近所做的歷時多年和幾十年的研究專案結果顯示，戴明博士的轉型方法最能永續發展。事實上，根據每年在紐約市福特漢姆大學的國際戴明研究研討會（International Deming Research Seminar）的報告指出，超過 400 本書籍和文章提到戴明學說是有效的商業思想和實務，既與當今局勢息息相關又相當重要。

　　自 1982 年《轉危為安》首次出版以來，時局變化很大，世界已大為不同了。然而，在管理上，戴明博士的學說一直幫助我們達成目標，像是提升生產力與品質，以及用更好的方式利用資源，並在工作中獲得更大的喜悅。

　　重要的是，世界的演進方式一如戴明博士所預言。戴明博士曾經預測企業流行的管理方式將是風水輪流轉（每隔一陣子就有當紅與過時）；自 1981 年以來，我們看過了績效指標（benchmarking）、企業再造（re-engineering）、雇用頂尖人才（top-grading）、適當的經營規模與人力（right-sizing）、目標管理（management by targets）、激勵管理（management by incentives）與複製所謂的「最佳實務」（copying "best practices"）等時下流行的管理方法。許多公

司還花大錢，嘗試採用流行方式來「管理人才」，來預測員工的成功或失敗，命令部屬務必達成一定的執行成果。上述這些流行的管理招式他們都嘗試過，但也都失敗了，或甚至每況愈下，或證明它們讓人花了一大筆錢卻徒勞無功。

相較之下，戴明對於更好的管理方式的見解富有洞察，正如在《轉危為安》剛出版時所主張的，直到今天仍然真實。同樣地，如果今天企業或組織能依據《新經濟學》中的主張付諸實踐，仍會發現它很有助益且有力。

事實上，戴明博士曾經預測品質與成本可以兼得，也就是既可打造優質的產品和服務又能降低成本。之前當他提出這個概念，並解釋為什麼會這樣時，幾乎無人知曉；現在，這個實務已廣為世界各地所接受。在這競爭超強的世界裏，如果企業能理解戴明學說並應用，就可以大幅領先競爭對手。

在過去50年，日本的產品之所以有競爭力，戴明學說肯定是關鍵的因素。相反地，許多美國或西方的公部門和私人組織（機場出入境服務、教育系統、醫療機構、航空公司或汽車公司等）的績效則日益惡化，原因可歸咎於他們或忽視戴明博士的洞察、知識或對其一無所知。

重要的作者和思想領袖已認識戴明學說的價值，像是彼得‧聖吉（Peter Senge）在他的《第五項修練》（*The Fifth*

Discipline，2006年修訂版，繁中版由天下文化出版）中，承認戴明博士的遠見卓識，且影響該書的修訂版。吉姆·柯林斯（Jim Collins）在《為什麼A＋巨人也會倒下》（*How The Mighty Fall*，繁中版由遠流出版）呼籲讀者如果想走出危機，必須回歸「健全的管理實務」之路，包括彼得·杜拉克（Peter F. Drucker）、麥可·波特（Michael Porter，競爭策略大師），以及《追求卓越》（*In Search of Excellence*）作者湯姆·畢德士（Thomas J. Peters）與羅伯特·華特曼（Robert H. Waterman）等人的學說。也許數以千計的公司都聽了柯林斯的建議，在此同時，我們當然已經知道有好幾百家企業學習戴明學說並落實力行，進而取得佳績。

新加坡國立大學（National University of Singapore）黃幸亮教授（Professor Brian Hwarng）曾在中國大陸的企業高階管理課程中，教給學員戴明博士的各種警告，像是避免盲目抄襲美國或西方管理界所謂的「最佳實務」，或一味追求收益管理（revenue management），這種方法雖可在短期內取得成果，但長期而言，更可能會造成毀滅。

實際上，黃教授向中國大陸的商界領導者提出挑戰，要他們探討（或深刻反思）盲目抄襲西方知識的結果。他敦促領導者認真思考戴明博士的種種警告，而不要受到所謂「向標竿企業學最佳實務」的蠱惑，更要在錯誤的學習造成重大

惡果之前，及時懸崖勒馬（即使本意良善並非有意造成）。

戴明博士對世界的影響還有一項有趣的特點，那就是許多人在日常會運用他所教導的方法，卻不知道戴明是何方神聖。他們只是跟隨「我們這邊做事的方式」罷了。所以說，不管他們正在研究數據、尋找方法減少變異、追究問題的根源、做決策時以尊重工人為主要考量，或評估系統的穩定性等等，他們的所作所為，多少都是應用戴明博士提倡的「善用方法管理」。

我們接受戴明博士提出更好的方法，達成卓越的技術品質而認為這是理所當然，而忘了（或從來不知道）以前達成品質改善和提高生產力是相當困難的事情，還得所費不貲。

許多主管也會誤會戴明學說的應用範圍，將它窄化成為營運管理或品質管理。這是因為沒有人教他們，在戴明的世界中，賺錢和高品質根本是同一件事。因此，身為領導者要將企業看成一個系統，該系統的目的和焦點在於品質，藉此引發正向的、良性的循環。

可惜的是，太多的商學院建議大家設立「品質部門」處理品質相關事務。戴明博士預見了這一問題。他很清楚地告訴大家品質是領導者的責任：「要從董事會做起，品質才能落實」。戴明博士認為，要達成品質，需要將各項努力放在

具有策略的位置,而不只是流於應用各種技術工具(如流程圖、帕累托圖、連串圖、散布圖等)、量規和統計學。

《轉危為安》中有一項關鍵訊息:品質並不是在工廠現場,也不是在提供服務的交付點所憑空產出的。只有組織所用的管理方法才能讓品質落實,才能讓品質方法和工具充分發揮功能。

像是管理十四要點中敦促管理者「掃除恐懼,使人人都能有效地為公司工作」以及「破除部門間的障礙」。為什麼要這樣要求呢?因為恐懼和障礙不僅會毀了組織,也會糟蹋人才與品質。此篇導言的兩位作者,之所以能了解戴明博士對於日本的影響,是看了美國國家廣播公司(NBC,National Broadcasting Company)播放的白皮書節目《日本能,我們為什麼不能?》(*If Japan can, why can't we?*,於1980年6月24日播映)。我們和許多人一樣,看了該電視節目,都很出乎意料。這種震驚,好像是我們一直生活在二維(2D,二度空間)、黑白的世界裏,然後突然瞥見我們是處在彩色、具有三維(3D,三度空間)深度的世界。

這是觀看世界的新方式,是從戴明博士在品質和生產力方法的教導所培養出來的:世界是彩色的、多維(包括深度)的。

許多公司要花多年才會認識到，相較於彩色、立體世界的品質與生產力，如果採取黑白、二維世界的觀點，很難與人競爭。

不過確實有這樣的公司，他們採取的世界觀是落伍的。

就品質和生產力，如果採取二維、黑白的方式，起先就會一點一點地被那些採取三維、彩色世界觀點的公司超越，然後很快的，就全盤皆輸了。

上文說的屬第一階段（phase I），現在我們討論第二階段（phase II）的初期情景。

在我們的用語脈絡中，「第一階段」指以戴明學說為基礎的技術層面品質和生產力。這在《轉危為安》有充分的討論。然而，戴明知道，光追求技術層面的品質是不夠的。他說，「必須在管理上有所轉型才行」。

戴明博士稱第二階段為管理的新理念。這一主題在《轉危為安》中已有所探討，在《新經濟學》書中進一步全面探討，我們希望您能從這兩本書中獲益、受用。我們也想讓大家知道，戴明學院隨時都樂意協助任何組織（營利組織、非營利組織和政府單位），進一步了解和執行「戴明管理方法」。戴明學院（WEDI）不以營利為目的，其目的在於促

進人們對戴明學說的理解，提升商業、貿易並促進繁榮與和平。

　　戴明學院相信，可以激勵個人、領導者和組織，能夠做出一番有獨特貢獻的事業。我們希望你們所屬的組織、供應商和顧客都能成功。我們預期你們因為有了戴明管理方法，在思想上可以與從前大不相同，讓人人都是贏家並且取得優異成果，進而開創新的工作環境。

　　每年，全球各地都有數以百計的人感謝他們有機會學習並且應用戴明學說，戴明學院感謝你們每一個人。我們在此要再次特別感謝黃幸亮教授過去3年來的用心指導，讓戴明博士的《轉危為安》和《新經濟學》得以在亞洲重新出版。

　　戴明學院傾聽顧客需求，提供創新且高效的教育機會，包括工作坊、大型會議、研討會，藉此激發個人和組織大有作為，有獨特的成績，並更深入地了解戴明的新管理哲學（Deming's new philosophy of management）。大家對於戴明所提出方法的興趣與日俱增，我們邀請您來進一步深入了解它並且因此（讓你與所屬的組織）與眾不同。

　　戴明學院的網址是www.Deming.org，我們很歡迎讀者提出任何問題與建議。

《轉危為安》和《新經濟學》譯序

文／鍾漢清

英國經營者協會的月刊《今日管理》（*Management Today*）曾讚譽品質運動之父戴明博士（W. Edwards Deming, 1900-1993）為20世紀十大管理學思想家。他是位摩頂放踵以利天下的智者、「品質為新經濟紀元基礎」的啟蒙者。他一生樹立了忠於專業（統計）、努力不懈、不計個人得失的典範。對他而言，研究、著書立說、教學、組織指導等繁忙的工作，就是生活。他的經典著作《轉危為安》和《新經濟學：產、官、學一體適用》（*The New Economics for Industry, Government, Education*）能出版中譯本，真令人感到歡喜。這兩本書是戴明博士數十年的心血之結晶，它們也是1980年代起品質運動的史詩、見證。《轉危為安》行文緊湊，知識密度頗高。《新經濟學》則已出神入化，看似平常，其實頗多深意。這兩本書都是經典之作，值得讀者鑽研。

《轉危為安》1982年首次出版，當時書名為《品質、生

產力與競爭地位》（*Quality, Productivity and Competitive Position*），1986年時出版第2版，書名為《轉危為安》（*Out of the Crisis*，取自1950年代戴明談日本要如何走出低品質惡名的危機）。著作易名，一方面充分反映作者的心路歷程，而我們也可因此了解本書的重點所在。《新經濟學》初稿完成於1992年，1993年年底作者過世前即已完成第2版稿本，於1994年出版。它基本上是作者於1986年之後，持續在世界各地舉辦著名的「四日研討會」的教學相長成績。戴明博士很重視參與學員和實習講師的互動，他們的回饋，都會在書中記下，包括大名，有時還記錄時間和地點。

戴明博士的著作，不只是他畢生學識的結晶，更有全球精英與他對話的紀錄，是首雄壯的交響曲，也是經營管理學著作的里程碑。作者音樂素養高，行文可媲美他所作的聖樂。讀者研習這兩本「愛智之學」時，就像演奏他的樂曲般，要牢記他的思想是整體的，其中的要義，可以做無窮的整合和發揮。不過，應該先求追隨原本，再求「再創造」。這兩本書多採用前後各章相互指涉的方式（像是這兩本書有幾張圖是相同的，不過，我們在相關處會提醒讀者，比較作者在說明上的修正處），各以或深或淺的方式，說明某些關鍵詞，這是因為作者認為「用一句話或一整章，都不足以完全掌握某一要點的精髓。要了解他的理念，必須反覆研讀、

思考和實踐」。

戴明博士主編，沃爾特‧休哈特（Walter A. Shewhart）著的《品質管制觀點下的統計方法》（*Statistical Method from the Viewpoint of Quality Control*，1939年出版），戴明博士在編者序中說明：「一本書的價值，並不只是各章價值的總和而已，而是要把每一章、甚至每一段落，都與其它部分整合起來看，才能彰顯出意義來。『品質管制』這一主題，無法用任何單一理念來完全表達，所以第1章必須在讀完全書、融會貫通後才能解釋清楚。」以《轉危為安》為例說明，讀者在讀懂了整本書後，必能有更深入的體會。因為上述的「可運作定義」，是他認為人類從事有意義溝通的根本原則，也是第9章的主題；而在讀完第11章〈改善的共同原因與特殊原因〉之後，又會對「作業定義」學說更了然於心。

譯者有幸與某些戴明博士肯定的「導師」們切磋，對於作者的「淵博知識系統」（Deming's Profound Knowledge System，也可譯為成淵之學或深遠知識）的智慧，稍有認識，所以藉由本文導讀，希望讀者能入寶山（這兩本書為現代許多新管理學理念的百科全書）而有所得。正如知名的管理哲學家韓第（Charles Handy）在其《非理性的時代》（*The Age of Unreason*）所說的，《轉危為安》是所有主管都應該

閱讀的重要作品。韓第以戴明式的思考說，人類在思想上追求「真理」；而組織、企業的「真理」是什麼呢？那就是「品質」！

　　要了解戴明博士的「品質觀」，最起碼要了解《轉危為安》的「視生產為一個系統」，可參考第1章的圖1b「將生產全程視為系統」，並參考《新經濟學》的圖6「把生產視為一個系統」；《轉危為安》第6章圖8「品質金三角」，也就是把產品或服務在整個生命周期內，產、銷、使用者合為一體的最佳化（與第7章）；就社會的品質之運作，以及第10章談論標準與法規孰優孰劣的各方合作，才是人類社會福祉根本之道；就人生及社會而言，第17章也要注意。

　　又如《新經濟學》第1章提到的「品質是什麼？」，無論在什麼地方，基本的問題都在於品質。什麼叫品質呢？如果某項產品或服務足以幫助某些人，並且擁有一個市場，既好而又可長可久，它就是有品質的。貿易端賴品質，「品質源自何處？」答案是，高階主管。公司產品的品質，不可能高於高階主管所設定的品質水準。換句話說，他的品質觀，蘊含「個人、組織、社會、天下」的大志。而且，它還是持續成長的，所以品質的追求是永無止境的。

　　戴明深信，經由全系統的人們合作、創造產業界的新境

界及更繁榮的社會，遠比浮面的「競爭優勢」踏實得多。更重要的是，品質與生產力相輔相成，是一體的兩面。可是，在這新經濟紀元中的人們，要懂得欣賞「淵博知識」，才能認識「品質」的價值，而這也是所有培訓、教育的根本課題。他更認為，先談品質，才會有真正而持久的生產力，這也是《轉危為安》第1章的「改善的連鎖反應」的主旨。競爭力大師波特（Michael Porter）1997年來台演講，一再澄清「國家競爭力就是生產力」，相形之下，戴明博士的看法更深入有理。他認為「成本」只是結果，所以談的是「便宜好用的測試（最低平均進料成本）」（《轉危為安》第15章）等議題。戴明博士認為，系統的主體是人，而「人」不只是組織的資產而已，更是寶貝。

《轉危為安》與《新經濟學》這兩本書中有諸多奧妙無窮的整合式觀點。從管理學發展史的角度看，1960年代有人提出管理學要重視系統、知識、心理學。戴明博士的獨創在於，他進而以變異（統計學的主題）貫通之，成為最有特色的管理學、經濟學。請注意兩本書中通篇還有專章都強調融合下述四門學問的淵博知識系統（詳見《新經濟學》第4章），以下分別介紹：

1. 系統觀

組織系統的目的最重要，所有的決策都應該以它為依歸，這牽涉到領導者的素質和能力，所以請參考《新經濟學》第5及第6章的領導力（領導者的十四項修練等）、人的管理；了解行動決策的動力學：紅珠實驗和漏斗實驗。系統另外一重要因素是其構成的次系統或元素之間的交互作用。如何判定系統是穩定的，或是不穩定的，這一判定準則很重要，因為我們對穩定系統或不穩定系統，都要分別採取不同的管理和改善策略。他在1950年於日本提出生產成為一系統的看法：只有生產系統是穩定的，才可以談近日風行的精實系統（lean system）或豐田生產系統。由於系統各組成分子之間的相依性很大，所以成員必須合作（而不是彼此競爭，或一意追求自己單位的好處而不顧及整體的局部最佳化），才能皆贏、達到全系統的最佳化、完成系統一致而恆久的目的。（詳見《新經濟學》第3章〈系統導論〉）

2. 變異觀

變異的現象無所不在，所以我們要本著品質管制的原理，也就是休哈特提到「大量生產之經濟性控制原理」，以最經濟有效的方式，獲得真知識，並運用作業定義方式來溝通。區別出成果背後的肇因系統中，哪些是系統本身的雜音（即戴明博士所謂的「共同原因」），哪些可能是出了（脫

離）控制狀態的「關鍵少數」原因（可設法找出的「特殊原因」），從而對系統的狀態分別採取適當的、不同的策略來改善、學習。〔戴明博士最強調的一個重點是，凡不在穩定（統計管制）狀態下的，就不能稱之為「系統」。〕這一番道理，本書第11章討論穩定系統改善的共同原因與特殊原因時，有極精彩的解說。這也是「淵博知識」的「眾妙之門」。（詳見《新經濟學》第3章、第8章與第10章。）

3. 持續學習及知識理論

我們無法「全知全能」，所以要追求系統的最佳化，必須本著PDSA（Plan, Do, Study, Act），或稱PDCA（Plan, Do, Check, Act）循環，也就是計畫（確定目的等）、執行、查核（系統的交互作用等）、行動。當然，持續學習與改善時，要依當時的知識，並善用統計實驗設計，而最重要的是結合各種相關的專門知識，再以科學方法來追求知識。在現代管理學中，戴明學說很早就在認識（知識）論上下功夫，他認為管理學要成為一門學問，就必須重視知識論，本書為首開風氣之作。在知識論上，戴明博士認為，人在所處的世界中，對於很多事情的原因是不知道的，或是永遠無法知道的，然而，它們卻是可以管理的；所以對我們的決策等，影響很大。像是我們可能無法知道什麼時候會發生多大的地震，或是金融風暴，但我們可以設計更耐震的住屋或更健全的財務

控管制度等。

4.心理學（詳見《新經濟學》第4章後半）

　　人是為追求幸福、樂趣、意義（以其技能、技藝自豪）而自動自發的，人是無法「被激勵」的。所有的獎賞，如果出發點是「掌控」別人，終會成為種種「人生的破壞力量」〔《新經濟學》圖10，圖上方的力量會破壞人民與國家在創新與應用科學方面的能力，我們必須以管理（能恢復個人能力）來取代這些力量〕；個人與組織之間要能信賴，才能有全系統的最佳化。

　　讀者可以自我檢測，在讀完《轉危為安》與《新經濟學》兩書之後是否融會貫通。請找一行業或公司或組織，以「把生產視為一個系統」觀念，說明它的系統之目的以及「淵博知識系統」對該系統的意義，領導人如何發揮以達成創新與改善的要求。

　　戴明博士認為，凡是投入組織轉型者，基本上要有上述修練，要能欣賞上述4大根本妙法所綜合出的洞察力。他在本書中把這種真知灼見，應用到人生及組織中的各層面，從而提出許多革命性的批判。舉凡「急功近利」、「只重數字目標式管理」、「形式化的年度考績」、「沒有目的與整體觀的品質獎」、「不懂背後理論的觀摩或所謂標竿式學習」、

「不懂統計狀態的儀器校正方式、培訓、管理預測」等，都是他所謂的「不經濟」、「浪費」。而領導者在這方面的無知，更是本書所謂的危機源頭，所以他極強調「品質要始於公司的董事會」。唯有具備「深遠知識」的組織，才能真正成就組織上的學習，真正轉化成功。

《轉危為安》第2章中有他最著名的管理十四要點（經營者的義務），從目的的一致性、恆久性，到最後組織全體投入轉型，為一渾然一體的「淵博知識」的落實指引。

《轉危為安》與《新經濟學》對戴明博士最廣為人知的兩大經營管理寓言：「紅珠實驗」與「漏斗實驗」都有著墨（這兩遊戲，已入選美國品質學會的品質發展史博物館）。他在「四日研討會」中的戲劇化示範，或從遊戲中學習的樂趣，希望讀者參考《新經濟學》第7章和第9章的說明。一般沒整套玩過「紅珠實驗」遊戲的人，很難體會它的深層意義。美國眾議院前議長金瑞奇（Newt Gingrich）某次參觀美國紡織公司密立根（Miliken），看到員工們在玩紅珠實驗，終於讓他恍然大悟：原來領導者要為系統（制度）的設計負責（其實，這只是諸多寓義之一而已）。後來金瑞奇夫婦上了戴明博士數十小時的「個別指導班」，「淵博知識」也就成了他的著作《改造美國》（*To Renew America*）的根本指導原則。基本上，「漏斗實驗」的寓意是，因為「無知」而

「求好心切」,想干預系統(意指不知系統的狀態卻想要有所作為),結果常常適得其反、擴大變異。

戴明博士藉紅珠實驗及漏斗實驗,指出人的困境。有時,我們身在系統中,縱使個人成績有別,但大家實質上都是平等的。這時,系統的改善要由另一層次者(領導加上外來的智慧)負責。又有很多時候,我們自以為「全力以赴」,不斷依照「差異」的回饋,而以不同的策略,想「一次比一次好」,可惜卻也常常因為無知而適得其反。其實,這些寓意也正是本書的核心思想。

在這兩本書中,戴明博士有沒有所謂的「終極關懷」呢?我不敢說我一定懂,但我要以他最關心的3個代表產業來說明一下。他的最大關懷,我想是個人的幸福、組織成長、社會的繁榮、世界和平〔引述自日本科學技術聯盟(JUSE)戴明獎(Deming Prize)中的題詞〕。個人的轉化是頓悟式的,不過要依個人才氣、性向不斷學習,要從投入「讀書會、研習會」等,與別人交流、體驗來學習。當然,用心讀好書是根本的。

戴明博士極重視教育界,他在紐約大學企管研究所任教達50年,就是身體力行的明證。有一次,「學習型組織先生」彼得・聖吉(Peter Senge)向他請益:「要達成宏遠、

深入的轉化，最基礎的是什麼呢？」他說：「美國總體的教育改革。」他認為教育內容應該包括「淵博知識」。《轉危為安》與《新經濟學》都有許多對於教育和教育界的故事和論述，像是企業界如何大量培訓基本的統計學知識及人才，包括管制圖和改善的種種管理和統計工具；畢業生最難忘的老師是哪些類型的？學校的老化問題和如何注入新思想和資源？以及如何與美國常春籐大學聯盟等校合作有成。

他的另一關懷是政府，讀者不要忘了，他任職過最有生產力、品質最高的先進服務業：美國人口普查局。《轉危為安》對該單位有諸多讚美之詞。他認為，假使政府沒有「淵博知識」，就不會重視人民（顧客）對公平性（最重要的政府考慮、顧客要求）的需求，從而會有許多浪費、複雜（詳見《轉危為安》第17章）、低生產力及劣質的做法，如同《轉危為安》中一再批評的「法規上短視，醫療、法務成本昂貴」等。從公共目的而言，不懂戴明博士所謂的「品質」（即淵博知識），就是公共施政的危機所在。《新經濟學》中探討獨占，花許多力氣向美國州際商業委員會（ICC，Interstate Commerce Commission）提供他代表的團體對貨運系統的意見。

《轉危為安》與《新經濟學》中都對產業的轉型，說得極多，也極中肯。就某意義而言，這兩本書是他為「產、

官、學」界做屈原式「招魂」的結果。若讀者讀完兩本書後，能產生「微斯人（斯學），吾誰與歸！」的感慨與決心（如果能，恭喜！）。那麼，戴明博士便又多了一位志士，接下來，還請有心的讀者參與他偉大理想的實踐，這才是《轉危為安》與《新經濟學》的主旨！

這兩本譯作，可說是許多朋友的共同努力。文豪歌德（Johann Wolfgang von Goethe）曾說：「人的靈魂，就像被耕耘的田地。從異國取來種子，花時間來選擇、播種的園藝家，豈是容易的？」在此我感謝諸位朋友：

《轉危為安》的貢獻者：劉振老師、林有望、鄭志庚、蔡士魁、張華、甘永貴、鄧嘉玲、施純菁。徐歷昌、潘震澤老師指出原作的某段引文有錯。

《新經濟學》的貢獻者：戴久永（天下文化版的譯者）、李明、鄧嘉玲、吳程遠。

這次的新譯本，特別在多處地方請教兩位熟悉戴明學說的學者：感謝威廉・謝爾肯巴赫（William W. Scherkenbach），他著有《戴明修練I》（*The Deming Route to Quality and Productivity—Road Maps and Roadlocks*）和《戴明修練II》（*The Deming's Road to Continual Improvement*）；2008年他曾來台擔任東海大學戴明學者講座教授，舉辦3場演講，所有

相關教材，請參考華人戴明學院出版的《台灣戴明圈》。另外，還有邁克爾·特威特（Michael Tveite）博士。他倆的貢獻，在書中相關的地方都會有標注。

此次翻譯時，參考書籍包括：《聖經》（思高本）、台灣學術名詞網站、《英語姓名譯名手冊》（北京商務印書館等）。

最後，我要簡單談一下戴明博士與台灣的關係。在美國戴明學院（WEDI，W. Edwards Deming Institute）記載他在1970至1971年受聘台灣的中國生產力中心擔任顧問（引用自https://www.deming.org/theman/timeline）。

他訪台數次，在台北和高雄都辦過盛大的研討會，師生都盛裝出席。劉振老師翻譯他授權的《品管九講》。他對於到工廠現場指導，深感興趣，勤做筆記。所以《轉危為安》中有他到高雄某自行車工廠的指導紀錄（詳見第334頁）。1980年，他接受美國《品質》月刊（Quality）訪問時談及台灣，對台灣的工業生產能力評價不錯。不過，他認為美中不足的是，台灣勞資雙方共識，遠低於日本，所以合作發展會有瓶頸。值得注意的是，他在兩本書中談到各式各樣的「衝突」、「矛盾對立」、「壓力」（如「恐懼」）等人生大破壞力，但都本著創造性整合的方式看待。希望讀者了解這些弦外之

音。系統要有宗旨，成員彼此成為一體，才能達到最佳化。

譯者浸淫於戴明博士學說四十多年，1990年代後半起，結識英、美、法多位戴明博士的大弟子，受益頗多，也以華人戴明學院名義出版了一系列的書。從2008年起，又陸續發表四本書說明研究心得，包括《系統與變異：淵博知識與理想設計法》（2010）、《轉型：2009紀念戴明研討會：新經濟學三部曲、可靠性、統計品管》（2009）、《戴明博士文選》（2009）以及《台灣戴明圈》（2008）。再怎麼說，戴明博士的《轉危為安》與《新經濟學》是經典與源頭，也是戴明博士留給世人最寶貴的遺澤。此次有機會重譯它們，很珍惜此良緣，所以努力以赴，希望與讀者分享。

前言

文／戴安娜・戴明・卡希爾（Diana Deming Cahill）、
琳達・戴明・拉特克利夫（Linda Deming Ratcliff）
（譯注：她們都是戴明博士的女兒，美國戴明學院的董事）

　　我們的父親愛德華・戴明（W. Edwards Deming）的智慧和教誨，將會永存於世。他於 1993 年 12 月去世，生前一直孜孜不倦地修訂本書（《新經濟學》）。他希望第 2 版的內容更為清楚，修訂的根據，人半是讀者對於第 1 版的直接評論與建議。他保持一向敏銳的關注焦點，即幫助人們獲得經營管理轉型的必要知識，進而能採取新型管理方式。轉型之道，就是應用本書所勾勒的「戴明淵博知識系統」（The Deming System of Profound Knowledge）。

　　我們的父親一生克享高壽，其貢獻及產出豐富，一輩子都享受工作和學習之樂。誠如他在本書中說的：「與樂在工作的人共事，乃是喜樂的。」我們與父親分散在世界各地的朋友往來之後，確知他樂於助人去發掘出「努力做事」的樂趣，同時，他的事功也令友人深深感動。

　　先父於 1993 年 11 月設立了「美國戴明學院」（The W. Edwards Deming Institute：https://www.deming.org/）。這個學院的宗旨，在於培養人們對於「戴明淵博知識系統」的了解，以促進商業、繁榮與和平。在認同此宗旨的同志之幫助與努力下，我們會致力於實現他的遺志。

第2版解說

　　戴明博士1993年12月去世，生前一直致力於修訂此書（《新經濟學》）。第2版反映了戴明博士想法上的變化。修訂最多的部分是第4章，他希望能更強調「淵博知識系統」包含管理系統時極為重要的「系統外觀點或視角」。

　　第2版增加一篇「附錄：物品與服務的持續採購」。這篇是戴明博士在他主持的「四日研討會」所用的講義。此篇有助於了解他對於企業與供應廠商／協力廠商的關係的看法。

　　戴明博士在本書《新經濟學》中，多次引用其前一部著作《轉危為安》（*Out of the Crisis*）。所以說，要想深入了解戴明博士學說的讀者，宜研讀《轉危為安》。讀者若想了解戴明博士的生平及其著作清單，建議參考服務他39年的祕書西西莉婭・克利安（Cecelia S. Kilian）所編著的《愛德華・戴明的世界》（*The World of W. Edwards Deming*）。

戴明自序

　　本書是為在現行管理方式肆虐下生活的人而寫。這種管理方式導致了既大且久的損失，使我們步向衰退。大多數的人誤以為，現行管理方式存在已久，而且牢不可破。事實上，它是現代的發明──一個經由人們的互動方式而創造出來的牢籠。這種互動使得我們生活的所有層面──政府、產業、教育、醫療──都深受其害。

　　我們都在競爭的氣氛中成長，不論是人與人，或者團隊、部門、學生、大學之間，都充斥著競爭。經濟學家教導我們，競爭會解決我們的問題。事實上，我們現在了解，競爭具有破壞性。更好的做法是，每個人都能以「人人皆贏」為目標，如同處於一個系統般共同工作。我們所需要的是合作以及向新的管理方式轉型。

　　轉型之道就是我所稱的「淵博知識」。淵博知識系統由四大部分所組成，彼此互相關聯：

　（1）系統的體認
　（2）有關變異的知識

41

（3）知識理論

（4）心理學

本書的主旨，在為讀者開啟通往知識之道，並且培養追求更多知識的渴望。

我在《轉危為安》書中提到的管理十四要點（14 points for management），乃是運用淵博知識系統，將現行管理方式往最適化轉型下的自然產物。

本書也可做為工程、經濟、企管科系學生的教科書。企管教育的目的，不應該是讓現行管理風格永遠不變，而是要促使它轉型。工程科系學生對所學習的新的工具與工程理論，也需要新的管理方法才能成功地運用。換言之，學校的目的，是要讓學生為未來而非為過去作準備。

本書前兩章描述現行的管理方式，並且建議較好的做法。第三章談系統的理論。在最適系統中每個人都受益──股東、供應商、員工、顧客。第四章介紹淵博知識系統，可以提供一種外界觀點，使我們能更了解我們所工作的組織並促使其最適化。以後各章則進一步闡釋第三章與第四章的理論，並穿插企業、教育界、政府部門的相關實例及應用情形。

許多人對於本書的完成都有貢獻，我會在書中各處指明。在此特別感謝我的祕書西西莉婭・克利安的全力貢獻。

第 1 章

現況省思

對你傷害最大的，莫過於差勁的對手。對於好對手，應
心存感激。

——阿爾弗雷德‧波利茲（Alfred Politz, 1902-1982，譯注：他是
「投票和輿情分析」與市場研究領域的先驅、戴明博士好友）

新世界：資訊流。今天，人類不再孤立生活，這是資訊
跨越國界，流通於各國的結果。電影、電視、錄影機以及傳
真機，能夠在瞬間告訴我們其他人的事，他們如何生活，他
們享受什麼。而大家相互比較之下，每個人都希望生活得像
其他人一樣，每個人都認為別人過得比較好。

要如何才能過得和其他人一樣好？民眾為了生活不好而
責備政府與領導人，或是責備企業與企業主管，也許是對
的，但是換人領導就一定會改善生活嗎？萬一新領導人並不
比舊的好怎麼辦？他們憑什麼會比較好？新領導人又有多少
時間，可讓他們證明確實改善了大家的生活？換句話說，民
眾的耐性有多久？他們用什麼當作判定的基準？

新領導人用什麼方法可以改善人們生活，往往取決於他
們是否具備了所需的知識。一位領袖應該具備哪些特質？全
力以赴一定會帶來改善嗎？可惜，並非如此。全力以赴與埋
頭苦幹，如果沒有知識為指引，只不過是將我們所身陷的
坑，挖得更深而已。本書的主要目的，正是提供這些新知
識。

進行改善所需要的知識，都來自外界，而本書所要教導及探討的，是如何變革的基本知識。請注意，知識是無可替代的。

貿易的必要。為了改善物質與精神生活，我們必須與其他人交換物品和服務。這種交易是雙向的。一個社區想進口物品，就必須輸出一些物品做為交換。

市場是全世界。今天，產品可能銷往世界任何地方。同樣的，供應商也可能來自任何地方。在我手邊就有一個小型的鐘，背後刻著：

採用香港製造的瑞士零件，在中國裝配。

又例如，我現在用的筆是德國的費伯　卡斯特爾（Faber-Castell）牌子，這家公司以辦公室用品聞名。有趣的是，有一天當我仔細觀察時，卻發現這枝筆是在日本製造的。

品質是什麼？無論在什麼地方，基本的問題都在於品質。什麼叫品質呢？如果某項產品或服務足以幫助某些人，並且擁有一個市場——既好而又可長可久，它就是有品質的。貿易端賴品質。

美國是否依靠燃燒自身的體脂肪為生？某些國家的運轉，一部分要依賴輸出非再生原料，諸如石油、煤、鐵砂、

銅、鋁、廢金屬之類。這些都只是暫時的天惠：它們無法永續。國家要倚賴贈與、信用或借貸，也不是久遠之道。

1920年，從明尼蘇達州米沙比山脈礦場（Mesabi Range）挖出來的鐵礦，含鐵量為74%。如今的含鐵量卻只剩33%。由於含鐵量太低，因此鋼鐵公司先就地把鐵砂煉成含鐵量74%的鐵塊，以節省由鐵路運至碼頭、再以船運到俄亥俄州克利夫蘭（Cleveland）的成本。米沙比礦場目前仍然有很多鐵礦，年產量可達5千萬噸，但是精華已經挖盡。同樣地，森林也會消失。以外匯收入而言，美國最賺錢的出口品應該是廢金屬。

為了賺錢，美國輸出部分精煉的鐵礦，還有鋁、鎳、銅、煤，這些全都是非再生的物質。我們耗盡了天然資源，更糟的是（在後面將會提到），我們也在摧殘自己人民的福祉。

美國的地位如何呢？美國在貿易收支的表現如何？答案是，做得並不好。

對於新知識的發明以及應用，美國曾經貢獻良多。1910年，美國生產了全世界一半的製品。由1920年起的幾十年期間，美國製的產品遍及全世界數百萬人之手中，若非具備有效率的生產與充沛的天然資源，是不可能做到的。由於美國貨的品質夠好，用過的人會想買更多的美國產品。北美洲

的另外一項優勢，是在二次世界大戰之後的十年，其他工業國家都曾經遭受戰火蹂躪，只有北美洲有能力全力生產。世界其他地方，全都是美國的顧客，願意向美國購買任何產品，而美國也因貿易順差而有大量資金流入。

當時一項最好的出口品，也是最賺錢的，就是軍用物資。如果不必顧慮道德上的問題，美國可以大幅擴張這種生意。此外，美國飛機約占世界市場的70%。另一重要出口品是廢金屬──美國無法利用，所以將之賣掉。結果，日本人付1毛8分，購買製造麥克風所用的金屬，然後美國人再花2,000或1,800美元，向日本買回這些金屬製成的麥克風──這就是附加價值！再者，賣廢紙板和紙也可以賺錢，化學物品就跟醫藥物品一樣，也賣得很好。同時，賣木材很賺錢，而木材可以再生。據我了解，營建設備也是美國重要的出口品。美國電影──這項服務業當然很賺錢。銀行與保險業也一度很重要，幾乎可以與英國媲美；但是好景不再，美國最大的銀行在世界上的排名，如今已遠遠落後了。

究竟發生了什麼事？每個人都希望好景持續，並且愈來愈好。企業處在擴展中的市場，經營管理很容易，同時，業者也會傾向這樣假設：經濟狀況會愈來愈好。然而，當我們回顧過去，卻與期望相反，我們發現已歷經了30年的經濟衰退。想確認某次地震發生的日期很容易，但是要確認經濟

到底從什麼時候開始衰退，卻不簡單。

　　大約在1955年，日本產品開始進入美國。那時候的日本貨價格低、品質佳，與戰前以及戰爭剛結束時的品質低劣完全不同。由那時起，偏好使用進口貨的美國人逐漸增多，也威脅到北美的工業。

　　很難相信，如今一切竟然與1950年代都大不相同了。這種變遷是逐漸的，無法在一週復一週之間察覺出來。我們只有在回顧時，才看得清楚它的衰退。貓兒不會察覺到暮色來臨。當光線暗下來時，牠們的瞳孔會逐漸放大，但在完全的黑暗中，牠和人類一樣，都很無助。

　　美國目前有些產業的狀況，比過去任何時候都要好。美國的汽車數目比過去多很多，搭飛機旅行也更為頻繁。這種數字意謂著衰退？還是進步？在回答時，必須考慮一項因素：在1958年，美國各地有行駛於城市間的火車，乘客可以選擇搭飛機或搭火車。如今，已很少人採用搭火車一途，而火車服務業日漸不普遍了，剩下的選擇是去搭飛機，或者自己開車。

　　幾年之前，美國在農產品貿易上仍有順差，如小麥、棉花、大豆等等。但是，如今好景不再。美國農產品的進口超過出口，同時有人指出，如果把毒品的走私列入進口額，我們在農產品的赤字，將遠比發表的數字更糟。

我們必須做什麼？我們必須坦承，大量製造出低成本的產品，已不再是美國的企業所專精的；在墨西哥、台灣、南韓以及其他地方，量產都已經走向自動化。但是，我們還是可以用特殊化的服務和產品，來提升經濟系統。而這種改變，需要知識；換句話說，美國人的問題在於教育，以及如何發展出一種文化，讓人人重視學習，認為它是有價值的。

我們如何能改進教育？讀者將會體認，教育的改進和管理所需要運用的原則，與改善任何過程——包括製造或服務——並無不同。教育的創新與改進，同樣需要領導者（參閱第5章）。

何時是公司進行改善的最佳時機？有一位先生在我主持的研討會中提問：「哪有什麼危機？我們公司和其他的美國同業，合計占有全世界7成的飛機市場。」我的回答是，公司體質健全、績效良好，正是改進管理、產品、服務的最佳時機，同時也有最大的義務去改進，這樣做，可以對本身以及其他人的經濟福祉有所貢獻。對於獨占的企業而言，事實上它有逐年改善的最佳機會，同時也有最大的義務要如此做。那些岌岌可危的公司，唯一想到的事只是：苟延殘喘——短期的而已。

顧客的期望。顧客的期望，人們經常提到。大家都說，要符合顧客的期望才行。事實上，顧客的期望乃是由你與你

的競爭對手所塑造出來的。顧客學習能力強,很快就上道。

顧客會發明新產品和服務嗎? 顧客不會創造出什麼。例如,當初沒有顧客會要求電燈:他們認為,瓦斯燈照明的效果已經不錯了;而且,最早期的電燈的碳絲,既脆弱又耗電。又例如,當初並沒有顧客要求照相術,沒有顧客要求電報或電話,更沒有顧客要求汽車:我們有馬可用,還有什麼比牠更好呢?沒有顧客曾要求充氣輪胎:車胎都是橡膠做的,想「騎在空氣上」似乎很傻;美國第一個充氣輪胎並不好用,使用者必須隨身攜帶橡皮膠、插頭和打氣筒,還要知道如何使用。此外,也沒有顧客要求晶片(IC)、口袋型收音機,或傳真機。

一位受過教育的人,或許能明確知道自己的需要,知道自己想買什麼,或許也能描述這些需要,讓供應商了解。然而聰明的顧客還是會聽取供應商的建議,並從中學習。雙方應該如同是同一系統,一起商量,而不是一方想壓過另一方。這是我在《轉危為安》(注1)中所提到「管理十四要點」中的第4要點。我們在本書第3章會更深入討論。

同樣地,儘管大家並不清楚怎樣可以改進教育,甚至不清楚應該如何定義「教育的改進」,但都會要求學校要更好。

是否有滿意的顧客或忠誠的顧客就夠了呢? 事實上,顧客只是依據生產者給他的期望而期望,但他們學習很快,會

將某項產品與另一項產品相比較，將一個貨源與另一個貨源
相比較。我們當然不希望有不滿意的顧客，但顧客只是滿意
還不夠。滿意的顧客仍然會換另一家去購買。為什麼不呢？
他有可能找到更好的產品。

有忠誠的顧客當然很好，他們會再度光顧、排隊等貨，
並且會帶朋友來惠顧。但就算這些都會發生，光是有忠誠的
顧客，仍然不夠。

服務業也是如此，顧客只是接受現有的服務（洗衣、郵
遞、交通），而不會發明什麼。但顧客學習得很快。如果快
遞業出現隔天送達服務，即使價格是郵資的數倍，顧客也會
選擇這種新服務。他忘掉在其他的開發國家的郵政系統很
好，只需要去買張郵票，就可能有隔夜送達的服務。（譯注：
參考《轉危為安》第7章）

沒 有 顧 客 會 自 己 想 到 去 要 求 發 明 心 律 調 整 器
（pacemaker），也沒有顧客會要求心律調整器的電池要能耐
用10年、同時又能夠儲存過去1個月來心跳速度與規律的資
訊。

創新。經由創新而得到一種性能更好的新產品，當然很
不錯，但是創新源自何處？

化油器（carburetor）的製造者如今何在？過去每一輛車
都至少有一個化油器。汽車沒有化油器哪能跑？化油器的製

造商年年都在改進品質。它的顧客都滿意而忠誠。

接下來發生了什麼事？創新。燃油噴射器（fuel injector）誕生了，除了化油器的功能，還有其他功能。比起化油器，燃油噴射器貴得多，但是一經某一車款採用，所有車款都跟進。化油器出局了，甚至卡車也不再使用，年復一年，很少人還記得它。

過些時候，燃油噴射器也會被取代。將汽油與空氣噴入燃燒室的新方法與新引擎將會誕生，把燃油噴射器淘汰掉。

很少有人會記得真空管，但過去的收音機必須用到它們。8個真空管的收音機很占空間，9個真空管的收音機的效果比8個的更好，卻更占空間。真空管的製造商每年都改進其性能，並縮小其體積。那個時代，顧客都滿意而忠誠。但是當貝爾電話實驗室（Bell Telephone Laboratories）的威廉・蕭克利（William Shockley）等人，透過對二極體及電晶體的研究，進而發明了積體電路，之後，對真空管滿意的顧客，都轉而去追求口袋型收音機。

由這些例子所得到的教訓是，我們必須「創新、預測顧客的需求，進而提供更超乎其預期的特性或服務」。能創新而運氣又好的人，就可以占有市場。

我們從事什麼生意／事業？以上各種敘述，或許可以用一個問題概括：「我們從事的是哪種事業？」在化油器的個

案中，是否就是製造化油器？沒錯。化油器製造商能製造出優良的化油器，而且愈做愈好。他們認為自己所從事的，乃是製造化油器的行業。然而事實上，如果當初他們把自己的事業視為是將汽油與空氣注入燃燒室中，或是發明更好的引擎，也許情況會有所不同。結果，別人發明了燃油噴射器新產品，這讓化油器的製造商面臨困境。

對於任何經營企業的人來說，一個值得思考的好問題是：「我們到底從事的是哪種事業？」將我們所做的事做好──生產出好產品，或是好服務──當然是必要的，但是這並不夠。我們必須不斷地問：「什麼產品或服務更能幫助我們的顧客？」我們必須思考未來：我們5年後將做什麼？10年後將做什麼？（注2）

沒缺點，就沒工作。沒有缺點並不必然等於能夠建立事業，也不必然能夠保持工廠營運（參看圖1），要做的事，還多著呢。例如，在汽車業中，顧客──就是讓工廠能維持及營運的人──或許對於汽車的性能感興趣，而且關心的問題不只是加速，也包括在雪地上的表現，在高速下駕駛盤的狀況，還有駛過突出路面時的情況。車子在粗石路面上是否會跳起並打滑？空調運作得如何？暖氣系統又如何？

顧客也許對造型有興趣──不僅是汽車的外型，也包括車內的按鈕與排檔。乘客的舒適也很重要──是否必須把頭

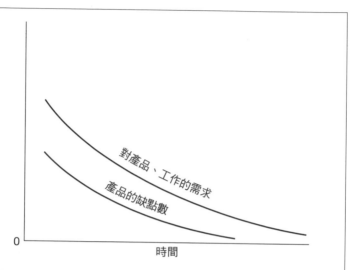

圖1 減少缺點的努力成功了。可是在這同時，產品的需求或銷售可能向零滑落。僅僅消除缺點並不足以保證未來的工作機會。零缺點，零工作機會，可以並存。我們需要的遠不只是零缺點專案。

彎到快要斷了，才能進出車廂？腳放在哪裏？手放在哪裏？

　　性能與造型，無論這些字句在顧客的心目中代表什麼，都必須要持續改進。零缺點並不足夠。

　　我曾經在一個難忘的星期四，花了一整天聽了10個小組所作的10場報告，主題是減少缺點。聽眾有150人，都是從事這項工作，他們相當專注地聽講，顯得對於工作很投入。

　　然而我想他們並不了解，他們的工作或許會相當成功——零缺點，但公司卻在衰退。事實上，除了零缺點，還要做更多的事，才能保住工作（參看圖2）。

　　那些減少缺點的專家，他們的工作相當複雜。有些缺點是彼此相關的，即當一個上升，另一個會下降。例如，汽車業者都很熟悉一組相關的問題：

- 關好前門要用的力氣
- 高速行駛時的風聲
- 雨水

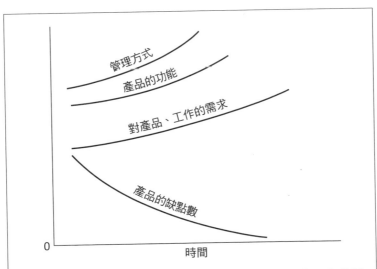

圖2　管理團隊改善其管理方式及產品的功能。現在已有效消除產品缺點。產品更有市場；工作機會也增加了。

在車門的邊上少用一些橡皮，關車門就可以更容易些，但是這會讓雨水滲進來，同時快速行駛時，會有風的噪音。如果在車門邊多加橡皮，就可阻止雨水進入，也減少噪音，但這樣一來，只有很強壯的人才關得上車門。降低任何一項因素，就會使其他因素到達令人無法忍受的地步。問題是該如何達成平衡，讓這三項因素都在可忍受的程度之內。

一些對於品質改善的建議。 一般人對於品質都很感興趣。假如我們下週二用下述問題來舉行全民調查：

你贊成改善品質嗎？
□是　　□否

我深信，絕大多數人都會贊成改善品質。同時，很不幸地，幾乎大部分的人都各有一套達成品質改善的方法。這只要看一下讀者投書欄、演講、書籍等，就可得知。改善品質似乎如此簡單。以下就是部分答案集，它們每個都不完整，有一些更會有負面效果：

- 自動化；
- 新機器；
- 使用更多電腦輔助機組；
- 埋頭苦幹；
- 全力以赴；

- 年度考績、獎賞制；

- 權責分明；

- 目標管理制（MBO, management by objective）；

- 成果導向的管理（MBR, management by result）；

- 將員工、小組、部門、銷售員的績效排序——獎勵居前者，處罰殿後者；

- 加強統計品管（SQC, statistical quality control）；

- 加強檢驗；

- 設立品管部門；

- 指派專人擔任品質副總；

- 獎金制度；

- 設定工作標準（工作分擔份額、時間標準）；

- 零缺點專案；

- 符合規格要求；

- 激勵員工

這些建議有什麼錯？經過下面的說明之後，上述各項建議的謬誤就昭然若揭了。它們都是管理者推卸責任的說詞而已。

某家公司認為多投資才能創造未來，因此大幅投資了400億美元於新機器和自動化。結果是：麻煩不斷、產能過大、成本高、品質低。如果要為這家公司的管理者辯護，可

能要說他們原先對未來很有信心。

　　這一投資金額夠不夠讓公司資金失血致死呢？400億美元，即使以年利5%計算，利息就已經高達20億美元，也就是每天超過5百萬美元，不分週間或週末、雨天或晴天。這項投資如果合理的話，那麼利潤必須遠超出每年20億美元。

　　在參觀我擔任顧問的某家公司時，我發現過多自動化與過多的新機器，乃是低品質與高成本的源頭，也導致很多公司破產；就算能符合預定目的而運作，實際產能卻超出需要產能的一倍。有些則是流程設計不良，諸如：製造→檢驗、製造→檢驗、製造→檢驗……一再重複，其實檢驗並非是最經濟的程序（參閱《轉危為安》第15章）。此外，檢驗儀器所帶來的困擾，通常也比製造設備所帶來的困擾還來得多。

　　公司總經理將品質之責，交付到工廠各經理的手中。結果馬上就變得很令人尷尬──品質下降了，這是可想而知的。工廠的經理也很無奈，因為他並沒有參與產品的設計。他是無助的。他所能做的，只能設法做份內的事，達成配額目標，符合各項規格，做些「滅火」工作。

　　當然我們並不希望不符規格，但是符合規格還不足夠。正如我們先前所見，零缺點並不夠好。裝配線的各部分必須要像一個系統般運作。某家公司的總經理曾在一本刊物中寫道：

「本公司的員工為他們所生產的產品以及產品的品質
負責。」

員工才沒有辦法負責呢，他們只能做份內的工作。其實
寫這篇文章的人是公司的總經理，他才是必須為品質負責的
人。

另外某家公司的管理者發給每位員工這樣的宣言：

「我們的顧客期望品質。產品品質是作業員的基本責
任，他們必須正確地製造，並與檢驗員分擔責任。」

此舉或可說是言不及義，我只能寄予同情。

同樣地，作業員並不能為產品或品質負責。他們只能努
力盡自己的職責。此外，責任由作業員和檢驗員分擔，必然
會造成錯誤以及困擾。我們在後文將會進一步討論「分擔責
任」方式的弊病。產品的品質是管理者的責任，而且應與顧
客共同合作達成。

上述例子中的管理者，都是把自己的責任推諉給一些員
工，而對品質或創新，員工都使不上力。

再舉另外一例，一群管理顧問的廣告詞如下：

電腦化的品質資訊系統，可提供高科技與有效決策之
間的重要聯繫。

我倒希望管理真的這樣簡單。

這些宣言什麼地方出錯？品質必須由高階管理者決定，它不可能授權給下屬的。此外，上述那些宣言或說詞，也欠缺我所稱之為淵博知識這項根本要素。知識是無可替代的。只靠埋頭苦幹、全力以赴，或是竭智盡心，並不能創造出品質或市場。管理必須轉型（transformation）──學習並應用淵博知識。我將在第四章介紹淵博知識系統的大要。

為什麼這工廠會倒閉？我發現管理者和勞工都深切地關心未來，關心工作是否保得住。我曾與某家大型製造公司的高階管理人員做過數回的討論，我發現他們都認為，只要作業員都能在其崗位上認真生產的話，大家的工作就保得住。我問他們：「你們聽過某某工廠倒閉了吧？它為什麼會倒閉？該不是他們的工作技能或手藝不佳吧？」當然不是這樣的。

該工廠在效率上、溝通上、與供應商的關係良好上，被公認為楷模廠，經常被媒體報導，而且工人技術一級棒。為什麼它竟然會倒閉？答案是：產品已經沒有市場。管理者的職責，就是要高瞻遠矚，及時改變產品，維持工廠營運。

該銀行為何倒閉？是因為行員的櫃台服務差勁、銀行帳目錯誤、貸款的利息計算錯誤嗎？沒這回事。即使這些作業

都是零缺點，銀行照樣會倒。該由誰負責呢？當然是管理者，還有該行的呆帳。

品質源自何處？答案是，高階管理者。公司產品的品質，不可能高於高階管理者所設定的品質水準。

創造並確保工作機會，完全取決於管理者是否有遠見，能否設計出足以吸引顧客、建立市場的產品和服務；同時能夠時時領先顧客，將產品和服務修正。

例子。位於田納西州曼菲斯市（Memphis）附近的聖心聯盟（Sacred Heart League），設定了一項目標，要為田納西州4個郡的貧困兒童提供醫療照顧和食物。為了籌措款項，該聯盟會依郵寄名單向外募款。募款的流程，可用圖3表示。

你該如何評估這項作業的品質？一項重要的指標是以所募得的總金額，減去從0至7階段（步驟）所花費的成本。

這項品質衡量指標所根據的是什麼？

答案：信中所傳達的募款資訊。誰決定這項資訊的內容？聖心聯盟的主持人，即鮑勃神父（Father Bob）。

信紙的折疊方式可能完美無缺、信封上的地址可能零錯誤，每個地址都實實在在真有其人、郵政作業也無懈可擊。但結果所募到的錢，還是入不敷出。這樣，聖心聯盟這項任務只有放棄一途。募款的成效，有賴於所傳達的資訊。光靠

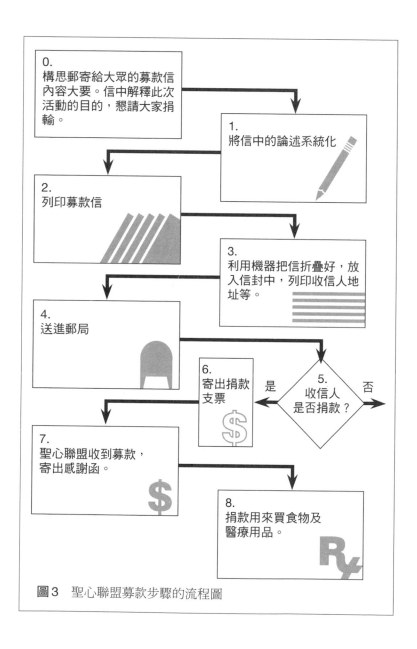

圖3　聖心聯盟募款步驟的流程圖

完善的作業，不足以達成募款的目的。

另外一項品質指標是：該聯盟如何使用所募得的款項。但如果成本超出募款所得，則這項指標的績效將無從衡量。我們在後面還會提到，大多數管理活動的效益，乃是無從衡量的。例如，員工訓練的效益，是無法衡量的，雖然帳單上有訓練的成本，但是其效益則無從得知。

圖 3 的流程圖，列出聖心聯盟的作業過程，如果受過一點流程圖的訓練，不難改繪成如圖 4 的流程展開圖（deployment flow chart），特別感謝邁倫‧崔巴士（Myron Tribus）博士的賜教。

那麼，我們為什麼要花錢從事訓練？答案是：我們相信訓練的未來效益會超過成本。換言之，經營管理所根據的，是理論、預測，而非純數字。

第 1 章注

注 1：W. Edwards Deming, *Out of the Crisis*, Massachusetts Institute of Technology, Center for Advanced Engineering Study, 1986. 中譯本《轉危為安》由經濟新潮社出版，2015。

注 2：本段承蒙愛德華‧貝克（Edward M. Baker）博士的協助，謹致謝。

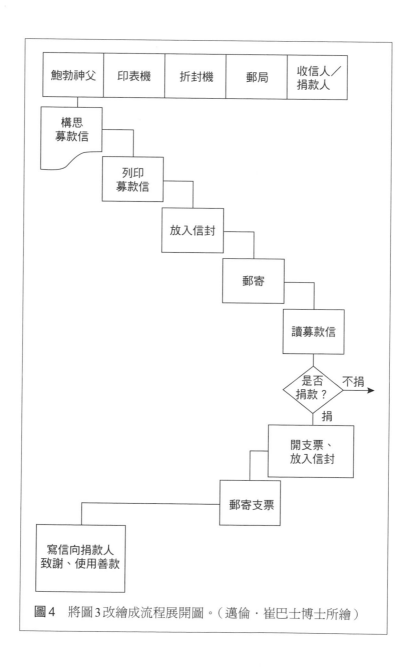

圖4　將圖3改繪成流程展開圖。（邁倫・崔巴士博士所繪）

第2章

損失重大

我寧願少知道一點，也不要知道很多似是而非的東西。
　　　　　　　　　　　　　　——畢林斯（Josh Billings）

本章目的。現行西方國家的管理方式，是產生浪費的最大來源，它所導致的損失，既無法估算，也無從衡量。本章的目的是要找出此損失（浪費）的重大來源，同時建議較佳的做法。

不必要的文書作業就是一大浪費。造成這種現象，多半是由於管理者認為，要防止錯誤或作假一再發生，必須多稽核、多檢查。《倫敦泰晤士報》（*London Times*）1990 年 7 月 7 日刊出的讀者投書，指出美國醫院的成本中，有 23% 是行政費用，而在英國則只有 5%。問一問任何一位美國醫院的護士，哪一項工作最會降低其效率和效益，答案一定是：文書作業。

有意思的是，現在風行的管理系統，原先是由許多當事者自己創造出來的，他們自認自己盡心盡力、全力以赴（best efforts），只不過，他們欠缺了本書在後面數章會介紹的「淵博知識系統」。

讓我們在此暫停，思考一下：

埋頭苦幹
全力以赴

的效果會是如何？

　　答案是：這樣做，只會把我們目前所身陷的坑，挖得更深。僅靠埋頭苦幹與全力以赴，並不能把我們救出坑外。事實上，只有藉著外界知識的亮光之照耀，我們才能察覺自己所身陷的坑。

　　下章我們會試著提供一種知識的入門說明，好協助大家脫離目前所陷困境，轉入另一佳境。

首先我們列出一些現代管理方式的錯誤做法，並建議一些較佳的做法

現行做法 直覺反應式；只需管理技巧， 並沒有管理理論	較佳做法 要求具備管理理論
• 欠缺一致的目的。 • 短期思考。 • 強調立即的結果。思考只顧眼前；沒有前瞻。 • 持續掌握公司股價的消息。維持股利發放。 • 未能逐漸達成最佳化。 • 讓每季營收數字要漂亮。在每月或每季末，將所有庫存的產品都運出廠。毫不注意品質；只求帳面上記為出貨，列為應收帳款。 • 修理、維護以及訂購原料等都延至下季再做。	• 採行並公布（公司）一致的目的。 • 制定長期規劃書。 • 提出下列問題：我們在今後5年希望要達到的目標？其次，要採用什麼方式達成？

美國聯邦貿易委員會（Federal Trade Commission）與美國國稅署（The Internal Revenue Service, IRS）要求上市公司每季公布財務報表。此一規定，可能是一股邪惡力量，迫使經營者過分重視「盈虧」數字。

在處理短期績效問題上，即使公司成功過許多次，仍不足以確保它長期而言會成功。

但求短期上的解決之道，就長期而言，難免會產生後遺症。

當然，發生短期問題時，管理者也必須處理。但是，如果單單去處理短期問題，亦即不斷地去「滅火」，也會犯下致命的錯誤。

現行做法	較佳做法
將員工、銷售人員、部門、團隊的績效排序；獎勵名列前茅者，懲罰殿後者。實施所謂績效考核制度（merit system）。	廢除排序或績效考核制，將全公司視為整個系統來管理。其每一組成部分、每一單位的機能，都能在良好的管理之下，讓系統發揮其最佳的表現。

任何兩個人之間，例如推銷員，必然存有差異。問題是，這種差異的意義何在？它或許並沒有什麼意義。回答這類問題，需要用到一些統計學（有關變異〔variation〕）的知

識。

　　排序是鬧劇。帳面上的個人績效，其實主要該歸因於他所屬的系統，而不是個人。

　　用一條簡單的方程式，就可以幫助讀者了解：將員工排序並沒有什麼意義。假設 x 代表某人的貢獻，（yx）代表系統對於他的績效的影響。如果我們有明確代表績效的數字，諸如一年內發生 8 次錯誤，或銷售金額為 8 百萬美元。則

$$x + (yx) = 8$$

　　我們需要解出 x。可惜有兩個未知數，卻僅有一條方程式，即使是國中生也知道，我們無法求得 x 的值。然而採用考績制度的人，卻認為可以求出 x，他們完全忽略了另外一項（yx），它的影響力是很大的。

　　另外還有一個因素應該列入考慮，那就是所謂的「期待（皮格馬利翁）效應」（Pygmalion effect，譯注：皮格馬利翁（Pygmalion）為希臘神話中的人物，愛上自己所雕刻的女子像，最後雕像變成真人，他如願與美女結婚；期待效應是指受激勵者如果知道對方對他期望高，他會自我激勵，讓成績更好）。一開始時就被評定為名列前茅者，會一直保持高績效。反之，一開始時就被評定為殿後者，績效也會持續表現低落（注 1）。

　　「排序法」會造成人與人之間、銷售人員之間、小組之間、部門之間的相互競爭，從而打擊員工的士氣。

大家之所以會採取排序的方法，乃是因為不了解由共同原因所導致的變異。（參考《轉危為安》第352頁。全書所引皆為中譯本之頁碼。）

本書第7章的「紅珠實驗」，將會告訴大家排序法的困難及錯誤。

所謂的「考績排序制度」（merit system），會引發員工之間的衝突，把他們的注意焦點轉移到爭取績效的名次排序要高、即考績要好，而不是注重工作本身。只依成績任用及升級制，會破壞員工的合作關係。我們在第6章還會再談到這個主題。

加薪。或許有人會質疑，如果沒有依成績任用及升級制，那麼要如何決定誰應該加薪？

我的答案是「排序是鬧劇一場」。本書第7章的「紅珠實驗」會有所說明。

誰該加薪？系統內的每一個人都該加薪（參考《轉危為安》第135頁上方，第6～8點）。沒有第一名、第二名、第三名，也沒有最後一名，因為根本沒有排序。至於任何績效落在管制界限之外的員工，都需要特別的協助（參見本書第6章）。

將員工排序、排等級，正顯示管理者的失能。

採取只依成績去任用及升級制，會讓所有人都想方設法

去討好上司。結果將會導致士氣低落，品質跟著受損。

考評員工，把他們依序排列，並不能幫助員工，使他們將工作做得更好。

那麼應該怎麼做才對？很簡單。下星期一早上，請把貴公司的績效考核制度廢除，並且向員工說明理由。他們一定會歡呼、慶幸。

可惜的是，美國國會強制要求把公務員排等級。為什麼國會偏要採取他們自己一竅不通的人為干預方式呢？

在美國，不景氣時，最後遭殃的，總是最上位者。他們的紅利，絕對不會減少。

此時，日本的犧牲順序，正好與美國的相反。日本公司遇到經濟困境時，他們會採取以下的步驟（注2）：

1. 減少紅利，甚至完全取消。
2. 削減高階人員的薪資與獎金。
3. 高階人員再進一步犧牲自己的好處。
4. 最後一步，才要求基層員工協助公司共度難關。
   那些不需要靠工作賺錢或養家的，鼓勵其留職停薪。
   那些可以提早退休的，請他們提早退休。
5. 最後，如果仍有必要，才會要求留下來工作的員工減薪。會減薪，但不會去解雇任何員工。

現行做法	較佳做法
獎金制度;依據績效核薪。	廢除獎金制,不再依據績效來給付報酬。讓每個人都有機會以工作為榮。

個別員工的績效之衡量,除非是以長期為基礎,否則根本無法做到。請參考第7章「紅珠實驗」的說明。

獎勵績效良好的人員這一做法沒道理,正如因為好天氣而獎勵氣象預報員。

獎金制度的效果只會著重在數字上,會使目的的追求失焦。

舉例而言,業績最高的銷售人員,或許因為銷售過於吹噓,反而會造成公司的大損失。因為他可能賣出比顧客實際需要更大型的影印機、銷售一份客戶負擔不起的保險、輕率承諾可以立即交貨,或者給予未經授權的折扣;同樣糟的狀況是,業績最高的銷售人員或許會以「顧客負擔不起」為藉口,賣出比顧客真正需要更小型的影印機。無論是上述哪一種狀況,顧客都會埋怨公司賣給他們錯誤的商品。

現行做法	較佳做法
• 不將組織視為一個系統來管理，反而讓各部門成為個別的利潤中心，結果是人人皆輸。 • 公司內的個人、小組、部門，各自以利潤中心方式運作，而非以整個組織的目標為念。公司各組成部分實際上自我剝奪長期利潤、工作樂趣及其他生活品質上的要素。 • 依我的經驗，這種情況會導致缺乏溝通。員工已不再期望能了解本身工作與他人工作之間的關係，而且員工彼此也不提及這方面的問題。	• 將公司視為一個整體系統來管理。 • 明智地擴大系統的邊界。 • 系統必須考慮未來的情形。 • 鼓勵溝通。安排公司內各部門人員實際進行非正式對話，不分職位和階級。鼓勵持續學習與進修。有些公司會組成體育、音樂、歷史、語言等社團，並且提供讀書會必要的設施。公司也負擔在公司外社交聚會的費用。

　　教育、產業以及政府都應如同一個系統般互動，彼此合作——雙贏（譯注：原書寫法為win, win；一般人寫法為win-win）。

　　任何組織的首要步驟，就是畫出顯示每一個組成部分之間的相互依賴的流程圖。如此每個人才能了解自己的真正職務是什麼。誠如保羅・巴塔爾登（Paul Batalden）醫師（譯注：他是2010年美國品質協會〔ASQ〕的戴明獎〔Deming Medal〕得主）於1990年11月13日在我主持的研討會上所說的，每個人都需要了解：該流程，乃是企業或組織的展示道（一如時

裝界的伸展台〔catwalk〕），一個流水般的程序圖。

現行做法	較佳做法
目標管理（M.B.O.）。	研究（產官學改善的）系統理論。系統內各組成部分的管理，應求達成系統整體之目的。

在執行目標管理時，是將公司的目標「展開」劃分為各個組成部分或部門的目標。我們通常會假設，如果各部門都達成它分到的目標額度，則整個公司的目標也就自然達成。然而一般而言，這種假設並不能成立：部門之間總是彼此相互倚賴的。

可惜，不同部門的努力不能簡單地相加成整體的成績。例如，採購人員的買價比去年節省了10%，但在製造過程當中反而增加了成本，又損及品質。另一可能是，公司享受到大量採購的折扣優惠，卻造成庫存過多的問題，從而也妨礙對於未來不測變動的反應及彈性。

對於上述說法，彼得・杜拉克（Peter Drucker）有深入的了解，解釋得很清楚。很可惜許多人都沒讀過他提出的警告。（參考他所著的《杜拉克：管理的使命》〔*Management Tasks, Responsibilities, Practices*, Harper & Row, 1973；中譯本

天下雜誌出版）。

美國企管教育的可怕故事。有一位學生告訴我，他在華盛頓一家著名大學的企管學院選修一門課，該課程會教人如何使用目標管理與成果導向的管理，以及如何將員工排等級。他知道這一切都是錯的，但是為了不被當掉，他閉口不說。可悲的是，他的班上有8位來自中國的學生以及其他外國學生，卻學習了這些錯誤的內容。他們回國之後，會告訴他人，他們留學時所學到的美國式管理方法。他們怎麼會知道留學時所學到的知識，多半是錯誤的！

現行做法	較佳做法
設定數字化目標（numerical goals）。	著手於改善過程，並且要追問：該以何種方法改善？

數字化目標並不會完成什麼。重要的是方法，而不單只是目標。要多問：「該採用什麼方法？」

數字化目標會導致扭曲和作假，尤其是當系統根本無力達到目標的時候，更可能如此。每個人都會設法達成被分到的配額（目標），但卻並不對由此所導致的損失負責。

在1992年，西爾斯─羅巴克百貨公司（Sears Roebuck）

的業績衰退，起因就是該公司將目標指派給旗下的汽車服務中心。這些代理商設法達成了其目標，卻傷害到顧客以及公司的信譽。錯誤出於管理者所設定的目標，而不在於代理商。

其實，管理者應該專注於流程的改善，而不是設定目標數字。流程圖可以呈現出過程，問題是，如何改進這個過程。第六章提到的PDSA改善循環，可以有所幫助。

配額（Quotas）。生產配額和數字化目標可說是難兄難弟。一家在舊金山的大銀行，規定某位行員必須達成每個月貸款8千3百萬美元的配額。他做到了，但銀行也陷人呆帳的困擾。我們可以責備這位行員嗎？他的生計倚賴於每月都要達成配額呢！

工廠的生產配額，是很難廢除的習慣。不過，有人能夠在6小時之內完成配額，剩下2小時用來看電視、玩牌、閱讀。這些人很喜歡這種工作方式，因為遊戲規則是產量數字，而不是產品的品質。在過去競爭不激烈、品質的要求不受重視的時代，這種問題不大。如今，配額是困擾管理者的問題，卻難以廢止。

遠離配額方式的一項做法是，導入水平式生產線（horizontal production line；譯注：這是指各種生產系統以彈性，而非以效率為主導思想，各生產站採「聯邦式」的水平整合方式），

以配合工人自動自發的精神——每個人都去做任何他該做的事。在連續生產線上，若有某一工人缺席，可能會斷線，而這種水平式生產線做法可以補救它。

現行做法	較佳做法
成果導向式管理（M.B.R.）。遇有過失、缺點、顧客抱怨、延誤、意外、故障，立即採取行動。只依據最近的數據點行動。	了解造成過失或缺點等等的過程，並改進之。了解變異的共同原因及特殊原因之間的差別，依不同類原因採取不同種的對策。（參考《轉危為安》第351~352頁）

　　採用成果導向式管理只會帶來困擾，而不是減少困擾。

　　到底哪裏出錯了？我們當然期望好的成果，然而成果導向式管理卻不會帶來好的結果。以成果為導向的管理方式，只針對結果採取行動，也就是認定結果來自某特殊原因。其實，重要的是針對造成該結果的原因——也就是系統——下工夫。舉個例子：成本數字本身不是原因，它是由許多原因造成的。（吉普西・蘭尼〔Gipsie Ranney〕，1988）

　　例子：某高階主管每天早上8點鐘會詢問廠長：昨天的生產量如何？答案很明白，不是比前一天高，就是比前一天低。這個問題的重點是什麼？數值上的高高低低，意義是什

麼？

依據我的經驗，絕大多數的麻煩以及改進的最大可能性，比率上大致如下：

94%來自系統（管理者的責任）

6%來自特殊原因

我們學會第7章的紅珠實驗之後，就會了解上述比率的意義。

我們也會了解，從業人員的技術再高明，精神再專注，都不足以彌補系統的根本缺失。

現行做法	較佳做法
以最低標方式來購買物料及服務。	估計使用物料及服務的總成本——初購成本（採購價格）加上預估使用期間發生問題的成本，再加上這些問題對於最終產品品質的影響。

眾所周知，美國華盛頓市的地鐵（Metro）的設備，經常會故障。有人指出，杜邦圓環站的電扶梯，至少有一架確實已完全停擺了。相較之下，倫敦、巴黎、東京或是莫斯科的地鐵，則很少見到其電扶梯會停擺。

　　華盛頓地鐵的問題在於它一律採最低標方式去購買設備，而倫敦、巴黎、東京、莫斯科的，則不採用最低標方式。

　　事實上，市政府或其他政府機構所採購物品或服務，通常是偏好本地的廠商，往往將區域外的廠商排除在外。因此，本地廠商占有競爭優勢。當供應商與顧客之間的關係愈形緊密，每年重新簽約方式，大多淪為形式而已。這種廠商與顧客愈形緊密的關係，如果管理良好，可以確保品質逐年提升，成本逐年降低。

　　美國的國內郵資，是另一個只考慮低價格的例子。目前的普通郵資只有29美分，大概是全球最低廉的，而其郵政服務，卻是工業化國家當中最差的。

　　或許我們當中有些人寧願多付一點郵資，來換取較好的服務。

現行做法	較佳做法
將品質授權給某個人或某個團隊。	最高管理者為品質負責。

指派一個人擔任品質的副總裁，這種做法的成效會令人失望與挫折。品質是最高管理者的責任，無法授權給他人。

採取行動的需要。管理者的行動或沒有行動,究竟導致了多少重要的損失,沒有人能知道,亦即,我們無從得知管理者的作為與無作為之效果(勞埃德·納爾遜〔Lloyd Nelson〕,參考《轉危為安》第25~26頁)。然而,我們仍然必須學習如何管理這些損失。如果我們無法面對問題並克服之,未能遵行「淵博知識系統」去將管理方式轉型過來(第4章),將難逃加速衰退的命運。

「不能量測,就無法管理」,這假設是錯誤的——此迷思將會讓人付出高昂的代價。

巧合與因果不能混為一談(注3)。沒錯,任何人都可以列出一長串業績良好的公司名單——儘管他們多少採行了前述的不當管理做法,卻還活得很好。這些公司可能是因為運氣好、巧合或是有產品或服務占有市場的優勢。這類公司的管理階層,如果懂得一些管理理論,必定會使公司表現得更好。

如果我們研究這類公司,卻沒有理論依據,不知道該提出什麼確切問題去反思,就很可能會在「他們一定沒做錯」的想法之下,貿然模仿。模仿注定會帶來災禍。

同樣地,有些公司完全依循正確的方式而行,卻掙扎在存活邊緣。當然,它們如果管理不當,後果會更困難。至於會糟到什麼地步,可就沒有人知道了。

　　我們已走了多遠？如果仔細去思考現行管理系統的源頭以及其效果，我們不禁會問；「有人關心長期的利潤嗎？」

　　為什麼我們會問這樣的問題？每一位管理者都自認為是全力以赴的。他們確實如此，而這正是問題之所在。他們的「最佳」，是立基於現行的管理系統之下，而這個管理系統，正如我們前面所指出，會引起難以估算的巨大損失。如果沒有援引外來的知識，單憑管理者依據舊想法而努力以赴，只會愈陷愈深。

轉型的領導理論

應用領域	已經採行	幅度
整體的企業策略與規畫	尚未	這些領域可以有重大收穫，97%尚待開發
全公司的制度（人事，訓練，薪資制度，獎金，年度考核，績效獎金，法務，財務，物料的採購、設備與服務）	尚未	
有數據可稽的獨特過程	已實施	3%

　　這個表是有關領導與轉型，表中顯示我們的現況，以及有待努力的地方。由福特汽車公司的愛德華‧貝克（Edward M. Baker）博士所擬。

　　不知道為什麼，轉型理論大多只是應用在工廠作業上。

每個人都知道統計品管，這點當然很重要，但是工廠作業畢竟只占全體的一小部分。即使在那3%的部分完全成功，可能還是難逃被淘汰的命運。

統計品管的原則，就是區分共同原因與特殊原因，它的最重要的應用，乃是在人員管理方面（參見第6章）。

現今管理者所進行的改變，有95%並沒有任何改善作用。在組織重組、購買新電腦等方面，都可以發現這種例子。（彼德·蕭科爾斯〔Peter Scholtes〕稱此為第7定理，1992年1月。）

當心常識的誤用。根據常識，應該把學校的學生排名（打分數），把員工的工作表現排序，把醫院的成本、團隊、部門、代理商排等級。每月獎賞表現最好的，懲罰最差者。對於月帳誤差最大的售票員，罰他放一天無薪假。

根據常識，要給員工——或小組——指定配額，每天生產若干件產品，每天或每小時燙好若干件襯衫，飯店的清潔人員要在限定的20分鐘內，打掃完一間客房，每位工程師每月要交出定額的設計圖。但，這樣要求的話，結果會是：成本倍增，員工被剝奪以自己的技術為榮，也不可能做任何改善。

根據常識，當顧客對於產品或服務有所抱怨時，要把問題轉告作業人員。「我們已經把事情轉告作業人員；問題不

會再發生了。」（注4）

根據常識，當產品或服務不符規格時，要採取行動，立刻設法解決。問題是，該採取什麼行動？

今天所採取的行動，或許會在明天產生更多的錯誤。也許重要的是我們應該針對產生缺陷的流程採取行動，而不是針對造成錯誤的員工。

根據常識，我們應該獎勵「本月最佳銷售人員」（該月銷售最多的人員）。但事實上，他的作為或許會對公司造成大傷害。

業務或銷售人員應以薪資取代佣金。位於美國德州休士頓的加勒里（Gallery）家具公司，採取以薪資取代佣金制度，結果業績穩定成長。採用此制，資深銷售人員會開始去協助新手，而且銷售人員之間也不再互搶生意，反而會彼此幫忙。他們還會協助倉庫人員搬物品，以免碰撞或刮傷。他們會為消費者著想，確保消費者買到的家具，能與現有住宅及家具相配。

結果，該公司銷售金額逐月上升。該公司每平方英尺店面的獲利，增加得更快。

該公司經理吉米・麥金韋爾（Jim McIngvale）曾經兩度參加我主持的「四日研討會」。他從中得到的結論是：根據銷售額支付銷售人員報酬的做法，是錯的，應採用給付月薪

的方式，比較適宜。

另外一家平行的例子。該公司的業務是配銷數千種商品，客戶都是製造商。營業區域分為38區，各區經理的獎金，視其銷售額而定。因此，各區之間彼此不合作，不但不會調貨給另一區去交貨，甚至會侵入他區去搶生意。

管理人員會每隔一小時就詢問區經理銷售情形，如果業績退步，還會要求解釋。

後來最高管理者做出一項改革：讓區經理改成支領固定薪水。結果，銷售額持續成長；各區之間會彼此合作，將所有庫存列檔，並利用電腦互相調配。

各區仍要呈報數據，但數據是用來繪製管制圖，以掌握趨勢。如今，管理者了解變異的共同原因及特殊原因之間的區別。

在先前的制度之下，超額的銷售會有獎金可分。然而，有些銷售人員的業績之所以很高，可以領獎金，只不過是因為他們所銷售的，乃是需求高的物品。另一些銷售人員表現不佳，則是因為他們負責的是需求低的物品。

採用佣金制時，焦點在銷售；採用薪資制時，焦點在顧客。過去不會上門的顧客，如今也光顧這家公司了。

該公司的改變，是始於總經理的轉型、蛻變。他原本深信目標管理法、成果導向管理法，以及業績獎金制等。後來

他參加了我開設的「四日研討會」，並且做了前述的改變。
如今他把公司以整體系統的方式經營。

標的、宗旨（目的）、希望。生命如何能夠沒有目的與
希望？每個人都有自己的目的、希望、計畫。但是，一個無
法達成的目標，只會帶來沮喪、挫折、消沉。換句話說，必
須有方法能達到目標。用什麼方法呢？

當公司要求員工為達成某一目標負責，就必須提供他完
成任務的資源。

每家公司都有宗旨，也就是公司對於本身不變目的的聲
明。

生活中的事實（真相）。有些生活中的事實，既非目
標，甚至稱不上是目的。例如，如果到年底，我們的錯誤和
不良品無法降到3%，就要面臨倒閉的命運。這並不是目
標，而是生活中的事實。當然，公司上下會竭盡全力，找出
他們認為能有效降低不良品比率的方法，以求能讓公司繼續
生存。換句話說，如果對生活中的事實，或發自生活中的需
求，能藉規劃或執行某種方法來完成，或許就可以將之轉換
為一個標的或目的。

設「標的數字」是徒勞的。如同先前所說，標的數字並
不能完成什麼。重要的是方法——採用什麼方法？請記住勞

埃德‧納爾遜（Lloyd Nelson）的箴言（《轉危為安》第25~26頁）。如果你不採用什麼方法就能達成某標的，那麼你去年為什麼不這樣做呢？唯一可能的答案是：你太混了。

設「標的數字」，是要追求至高至善的目標所產生的不安的具體化，可惜，對於大多數的凡人而言，實際上它是不可能做到的。（引述自卡洛琳‧亞歷山大〔Caroline Alexander〕在《紐約客》的文章，1991年12月16日，頁83。）

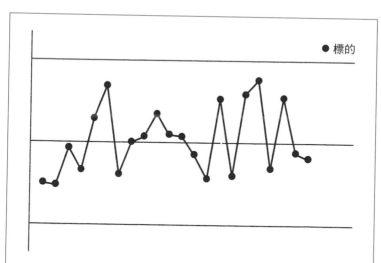

圖5　數字標的落在管制上限之外，表示它無法以現行系統來達成。（取自布萊恩‧喬依納〔Brian Joiner〕博士於1987年發表的一篇論文。譯注：可參考布萊恩‧喬依納著《第四代管理》第8、9章）

　　畫一張數據圖可能有所幫助。如果流程是穩定的，則根本不可能達成超出「管制上限」（upper control limit）的數字化目標。圖 5 或許可以幫助讀者了解這句話的意義。在穩定狀態下，每天產出量的變動，都是源自共同原因，而管制上限就代表現行流程的最大極限。產出量想要超出管制上限，就如同要抗拒地心引力一般地不合理。想要超出管制上限，唯一的方法是改善流程，使得新的管制上限能在你的目標之上。這時我們所需要的，是改善流程的方法。問題是，該用什麼方法？（勞埃德‧納爾遜，參考《轉危為安》第 25~26 頁。）圖 5 的數字標的落在管制上限之外，表示它無法以現行系統來達成。

　　如果流程不穩定，也就是處於混沌狀態，那麼，任何狀況都有可能發生，或許會更好，或許會更壞，這時流程的績效就無從預測。

　　目標數字是否可達成？任何目標，誰都可以採用如下方法去達成：

- 重新界定詞義
- 扭曲與作假
- 提高成本

我在《轉危為安》第 302~304 頁談過，工廠檢驗員虛報

數字的例子。她如此做是想保住300個工人的工作。因為工廠經理宣稱，如果任何一天生產的不良品比率高於10%，他就要關廠並且解雇工人。姑且不論經理是否確實說過這些話，或者是否確實會如此做，重點是300位工人以及檢驗員都認為這種情況可能會發生。因此檢驗員從來不讓不良品比例高於10%，她的數據和管制圖上的點，全都是捏造而來。這些數字會誤導，也具體說明了「有恐懼就有假數字」的道理。（本書第142頁會進一步說明）

再舉另一個例子。有一位雜貨店的經理受命只容許1%的損耗（進店貨品金額減去銷貨金額，進出都採用相同計價尺度），他也做到了。貨品送來時，他叫收銀員暫停，到店後清點送來的盒數、箱數和內容，以避免任何遺漏，讓結帳的顧客在店內排隊苦等，也不管他們是否厭煩，或決定永遠不再上門。肥肉便宜就買些肥肉摻進肉裏，誰會知道呢？有些顧客就知道。他故意讓銷路不佳而容易腐壞的水果與青菜缺貨，顧客必須到其他地方去買。他還有其他55種花招，可以達成1%的耗損率，而所有這一切花招，都對於業務有所傷害。他為了討生活，誰能怪他呢？（感謝哥倫比亞大學的約翰‧惠特尼〔John O. Whitney〕教授。）

某一座核能電廠設定目標數字：每年的跳機意外，不得超過11次。如果快要超過目標時，電廠的管理者就會延後維修，或者發包外面的公司來維修，讓意外記在別人帳上自

保。

目標與成本。一家貨運公司為了降低成本，聘用低薪但不合格的職員來計算運費。結果讓一位顧客發現許多不尋常的錯誤，便雇了一位稽核員來調查公司所超收的運費。依據美國和加拿大政府的規定，貨運公司必須退還任何超收的金額。因此，這家貨運公司必須聘用一位稽核員來調查檔案，清查超收與短收的紀錄。但短收少於100美元者，公司並不向顧客補收（有例外：有的公司設定為50美元，也有設為15美元的）。業者要將超收的部分全數退回，卻得承受大部分短收的損失。結果當初省下計算運費的錢，卻因收費錯誤而損失了20倍的錢，算起來損失十分慘重。

其他實例可參見喬伊斯・奧爾西尼（Joyce Orsini）的論文：〈分紅或獎金制：衝擊力如何？〉（Bonuses: What is the Impact?），《國家生產力評論》（*National Productivity Review*），1987年春季號。

公領域的數字目標恐怖實例。1991年4月18日，美國教育部出版了《美國2000年：教育的研究》（*America 2000: An Educational Study*），這本小冊子充斥了數字目標、測驗、獎勵，卻沒有提到用什麼方法去達成？以下是一些實例：

數字目標

第9頁。2000年時，高中生畢業率將提升到至少90%。

美國每所學校都會確保學生能學會XXXX。

美國每位成人都識字。

每所學校都沒有吸毒問題。

第15頁。目標：在1996年至少新設535所……學校。

第16頁。無論採取什麼方式，預計美國所有新學校都會在學生學習上有特殊的進展。（用什麼方法？）

第17頁。到1996年，每一個區域內至少新設一所學校。

第19頁。對於所有聯邦補助的成人教育計畫，建立績效標準，同時要求計畫能符合這些標準。

成績單（注5）。政府將會在各公開發行的報告中，列示各項測驗的結果，以施加進一步壓力，如此也可比較各州以及全國11萬所公立學校的績效。這個想法的出發點是，人民會要求進步。

別管方法，只以結果來管理：這是錯的

第32頁。問：全國性的測驗是否表示要有全國統一的課程？

答：不。雖然調查與問卷顯示，大多數的美國人並不反對有全國統一的課程。美國學業測驗（American Achievement

Tests）可用來檢驗教育的成果，但不過問這些結果如何產生、教師每天在教室做什麼、採用什麼教材、或是遵循何種教學計畫。由於完全將焦點集中於成果，因此對於教育的方法比較沒有規範。

依績效核薪的制度（Merit Pay）

第13頁。依辦學成績來評定學校的制度。個別學校如果在達成全國教育目標上有顯著的進步，就給予獎勵。

第14頁。表揚教師……對於5項核心科目的傑出教師給予獎勵。

教師薪資差異化；對於教學績優者、任教主科者、在危險及挑戰的環境下教學者，或擔任新教師的指導者，建議採取差異化薪資。

第12頁。成績報告。除了向家長報告子女表現之外，成績單也可以提供明確（以及可供比較）的資訊，顯示每所學校、每個學區以及每州的表現如何。

這些做法有什麼錯？答案是：數字目標不具任何效果。將個別學生、學校、學區依排名敘獎，並沒有改善系統。唯有方法最重要。到底該用什麼方法？非常不幸，這些目標公布在學校裏，在學生的人生開始之際就帶來壞的示範，因為

這些目標並沒有達成的方法。

　　讀者可能會好心地自行解釋，寫這些報告的委員會也已盡了力，他們只是沒有體察到自己需要一些真正的知識。他們怎麼會懂得這一點呢？

　　附帶說明：最早是在1989年，總統召集了50州州長召開「教育高峰會」，會中歸納意見，提出《美國2000年》說帖。1990年由白宮將這些目標整理、印行，後來納入《美國2000年》。

　　這項做法，或許是一個「擴大委員會規模法」的例子。我們將在第4章〈淵博知識系統〉中學到，擴大委員會規模的方式，無法獲得淵博知識。

　　但是，他們怎麼會懂得這些呢？

第2章注

注1：參見羅伯特・羅森塔爾（Robert Rosenthal）和勒諾爾・雅各布森（Lenore Jacobson），《教室內的皮格馬利翁》（*Pygmalion in the Classroom*）, Holt, Rinehart, and Winston, 1968.

注2：參見霍見芳浩（Yoshi Tsurumi），《刻度盤》（*The Dial*），l981年9月號。

注3：吉普西・蘭尼（Gipsie Ranney）於1993年在通用汽車（General Motors）的談話。

注4：參見威廉・謝爾肯巴赫（William W. Scherkenbach），*The Deming Route to quality and productivity* (George Washington University Continuing Engineering Education Press,Washington, 1986), p. 28。譯注：本書多次引用此書，它有中譯本《戴明修練I：品質與生產力突破；落實戴明理念的指示圖與路障》，華人戴明學院出版。

注5：《時代雜誌》（*Time*）1991年4月29日，頁53。

第3章

系統導論 _(注1)

人除了吃喝和享受自己勞作之所得以外，別無更好的
事。

——《聖經‧訓道篇／傳道書》2章24節

本章目的。在上一章中，我們看到了自己是處於現行管
理方式的威權之下。大多數人以為，這種管理方式由來已
久，無法更改。事實上，它是現代的產物，也是導致我們走
向衰退的陷阱。因此，經營管理必須轉型。

教育界、政府以及產業界，也都需要轉型。

下章要介紹的「淵博知識系統」，正是有關轉型的理論。

淵博知識系統不可或缺的部分，就是對於系統的理解、
領會（appreciation），這是本章所要討論的目的。

何謂系統？所謂「系統」，就是一組互相倚賴的組成部
分，透過共同運作以達成該系統的目的（宗旨）。

系統必須有目的。沒有目的，就不成系統。系統內的每
一個人，都必須對於該系統的目的相當清楚。目的必須包括
對未來的計畫。目的也是一種價值的判斷（我們在此談論
的，當然是人造的〔man-made〕系統）。

系統內所有各個相依的組成部分，並不一定需要被明確
地定義出來或形諸文字：有些成員只是很自然地做其該做的
工作。因此管理者要管理一個系統時，必須了解系統內各組

成部分之間的相關性，也要了解系統內的人員。

　　系統不會自行管理，而必須有人來管理。西方企業界放任它自行其是，結果是各部門都變成自我本位、彼此競爭的獨立利潤中心，因而破壞了整個系統。

　　組織成功的祕訣在於：各個部門之間彼此合作，朝向共同的目標努力。組織承受不起因部門之間競爭而帶來的破壞。

　　管理者的職責。管理者的工作在於指導所有部門的努力都要朝向系統的目的。首要步驟就是釐清：組織內每位成員都必須了解系統的目的，以及如何讓自己的努力有助於該目的的達成。每個人也都必須了解，一個團隊如果成為自私、獨立的利潤中心，會對於整個組織帶來怎樣的危險與損失。

　　值得推薦的目的。無論任何組織，其目的最好是這樣：長期下來，每個人——股東、員工、供應商、顧客、社區、環境——都要能獲利。例如，對於員工來說，目的或許是提供他們良好的管理，能有培訓與教育的機會去協助他們進一步成長，以及其他要素，有助於員工能以工作為樂和提升生活品質。

　　讀者或許還記得，我的管理十四要點中的第1點，就是要求明白宣示組織的目的是恆久而一致的——也就是說，要說明系統的目的（參見《轉危為安》第2章）。

　　貴組織是一個系統嗎？一家公司或機構，或許會有辦公室大樓、桌椅、設備、人員、水電、電話、瓦斯、公共服務。但是，它是一個系統嗎？換句話說，它有其目的嗎？

　　由於有些公司採用短期思考方式，追求眼前的存活是它的唯一目的，亦即，從來沒想過其未來／前途。

　　目的（宗旨）的發展（注2）。人類真正需要的是交通的方便，而不是需要汽車、火車、巴士或飛機等交通工具。兒童需要的是閱讀技巧，而不是某種課程、教科書或教學方式。宗旨的選擇，顯然代表價值的釐清，尤其是當有諸多選擇可供取捨的時候，更是如此。

　　一個系統必須能創造某種價值，也就是要有某些成果。而其目的的設定，乃是根據該系統想獲取的成果，再加上綜合考量接受者以及成本等方面。所以，管理團隊的任務，就是去確認目的，並管理整個組織，為完成這些目的而前進。

　　重要的是，絕對不要以某種特定的活動或方法來界定目的。目的必須與每個人獲得更好的生活相關。

　　目的之設定，要優先於組織系統及其中的工作人員。譬如說，工作人員不應該是決定目的的源頭，因為如果目的未定，誰會知道應該挑選哪一類工作人員？我們會請鞋匠或鏟斗機司機來參與決定宗旨嗎？如果我們從許多人中挑出一位雇用，就顯示目的已經存在，即使並沒有明白敘述出來。

　　領導者應該將目的的決定與強化，設定為自己的責任。
這項任務的重心，可能集中在一個人（如企業家）、一組人
（如董事會）、或是眾多投資人的身上。無論目的是哪兒訂出
來的，在整個組織中，都必須取得對於目的的共識。

　　系統的管理。如果不能讓全員全力以赴、為達成組織的
整體目的前進，那麼可以斷言，該組織一定無法達成最佳的
整體結果。這樣一來，人人都是輸家，即使在成功的利潤中
心工作的人員，也不例外（下面會以實例說明）。因此，管
理者的職責很明確——讓每個人都獲得最佳結果——人人都
是贏家。時間會帶來改變，管理者必須管理這些改變，即必
須盡可能地預測變化。當系統日益擴大、日趨複雜，或是由
於外力（競爭、新產品、新設備）而帶來改變時，必須對於
系統各組成部分的工作，進行整體的管理。管理者的另外一
項職責，是做好因應的準備，經由系統邊界的改變，而更有
效地達成目的。改變有時可能會要求管理者重新界定組織的
各組成部分。

　　系統的管理，可能需要一些想像力。舉個美國國防部的
例子：某小組的管理者從微薄的預算中，撥款改善海軍基地
的官兵宿舍。他們的理由是，沒有好宿舍，就找不到人去駕
駛海軍飛機。

　　有時某一部門雖承受損失，卻會讓整個公司受益。下面

的簡單例子，是我多年前為《底特律日報》（*Detroit News*）做某專案時所觀察到的。該報社為了讓員工不必外出午餐，餐飲部門特別供應物美價廉的餐點。如此一來，員工不必外出午餐（這頗費時），又能有更多時間專注於工作。就我所知，每份午餐餐飲部門都要虧損0.6美元，但是整體而言，公司卻會獲利，因為員工回家用餐的機會更少了，能把更多時間投入於工作，員工也會感激公司的體貼。

系統要著眼未來。管理與領導團隊還有另一項職責，就是讓公司能主導自己的未來，而不致淪為環境的犧牲品。第1章提過的化油器以及真空管（第51-53頁），就是個好例子。再舉一例，產品需求增高時，得加班趕生產，這可要多花錢，而需求大幅下降時，設備與人員將會閒置，則又會虧錢。換句話說，需求過高與不及，都會使生產者蒙受損失，所以倒不如將需求平準化，即採取平穩的生產方式，或以符合經濟的速率去增加產量。另一可行之道是，以機動而有效率的做法，配合需求的高峰與低潮。另外的例子是，管理者可以預期顧客對於新產品或新服務的需求，設法滿足之，公司甚至整個產業的方向從而跟著改變。

為未來做準備，包括了要讓員工能終身學習。包括對於環境（技術、社會、經濟）的持續觀察，以便掌握對創新、新產品、新服務的需求以及方法的創新。公司在某種程度之

內，確實能夠掌握自己的未來。

5年之後，我們的公司將會從事何種行業？10年之後又如何呢？我們的公司是否還是在生產化油器？

任何系統都需要來自外界的指導。再說一次，系統無法自行了解自己。

每個組織可能都應該有一位擔任總裁特別助理的人，負責教導及輔導淵博知識系統。

由第1章的例子可知，畫流程圖有助於我們了解整個系統（參考圖3和圖4）。

了解系統，有助於預測我們所建議的變革將會產生什麼樣的結果。

系統的邊界。可以從第104頁的圖6來說明系統的範圍，它可以是一家公司、一個產業，甚至整個國家，如同1950年時的日本。系統涵蓋的範圍愈廣，可能產生的效益就愈大，但是也更難管理。系統的宗旨，必須包含未來的計畫。

以整個產業做為系統的例子，可以在威廉‧大內（William Ouchi）著的《M型社會》（*The M-Form Society*, Addison Wesley, 1984）第32頁找到。大內曾應邀在某個同業公會的會議擔任專題主講人，地點在邁阿密機場附近某處優美的休閒勝地。議程共3天，每天開

會至中午，與會者就可以去釣魚或去打高爾夫球。大內
博士在第1天會議的早上發表演說。他說，自己偶爾會去
釣魚，有時候也打高爾夫球，但是他認為，將這群人的
活動和遠在日本的直接對手做比較，或許會很有意思。

　　大內博士說：「上個月，我在東京參加了好幾次會
議，它們是由各位的競爭對手所舉辦的，共有大大小小
的兩百家公司派員與會。他們共同合作，致力於產品設
計、外銷政策、儀器測試等，如同處在同一個系統內。
這樣，任何一家的示波器都能與其顧客的分析儀器互
通。他們從早上8點開始工作，到晚上9點才收工，每
週工作5天，經過好幾個月的努力，終於達成共識。

　　「請問各位，5年之後，誰會領先？是你們，還是你們
的對手？」

　　美國公司敢如此合作嗎？或許現在可以了，因為在1984
年，美國國家合作研究法案（National Cooperation Research
Act）通過了。然而，美國管理者仍應該學習：為了競爭，
必須要合作，可參考威廉·謝爾肯巴赫（William W.
Scherkenbach）的《戴明修練II：持續改善》（*Deming's Road
to Continual Improvement*, SPC Press, Knoxville, 1991）。美國
過去有克萊頓（反托辣斯）法案（The Clayton Act），在這
方面，它仍然是道阻力。

系統包含競爭對手。競爭者們為了擴大市場以及滿足尚未服務的需求，會合作或共同努力，這將有助於他們的最佳化。當競爭者的焦點是提供顧客更好的服務（例如降低成本、保護環境），每個人都可以獲益。

公司的管理者，經常花相當多的時間煩惱其市場占有率。我們公司在市場大餅中所占的比率如何？要如何從對手搶些市場占有率來？

如果所有的競爭者都能善用這些你爭我奪的時間與精力，致力於共同去擴大市場，這樣大家應該會更好，每家公司都會獲益。

1960 年，美國三大汽車公司幾乎聯合壟斷了市場。這 3 家公司的管理者費盡心思，各為公司的市場占有率而煩惱：我們目前的情況如何？與競爭者相比，表現又是怎樣？比上個月進步，還是退步？

如果三家公司能致力於擴大市場，填補當時尚未能滿足的廣大市場需求，不是更好嗎？因為事實上，當時美國仍有兩百萬人需要售價較低、耐用、維修成本低的汽車。結果，日本製汽車長驅直入，占據了這個市場。

是什麼引燃了日本？圖6所顯示的流程圖，在 1950 年代引介至日本，此後日本完全改頭換面。這幅流程圖，展現給最高管理者以及工程師的是一個生產系統。日本人原本就有

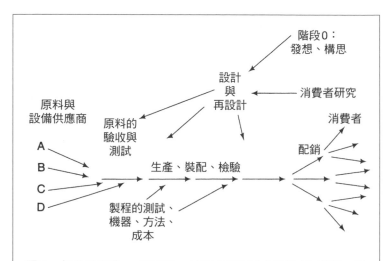

圖6　把生產視為一個系統。品質改善包含了整個生產線，從進料到交貨給顧客，與為未來產品與服務的再設計。本圖第一次使用是在1950年8月於日本。如應用於服務型組織，那麼來源A、B、C等，可能是數據來源，或從前站進來的工作，例如帳單（如百貨公司）、帳單計算、存／提款、存貨的進出、謄寫、送貨單等等。（譯注：請參照《轉危為安》圖1b，讀者或可比較作者多加了哪些。）

大量的知識，但是零碎而未經整合協調。這幅流程圖使他們能將知識與努力都導向一個生產系統，並配合市場──也就是預測顧客的需求。如今全世界都已經知道這項改革的成果了。

　　從1950年起，在每次我與最高管理者的會議，或訓練工程師的教學中，都會用到這幅簡單的流程圖。

　　當管理者與工程師懂得運用他們的知識時，就會開始付諸行動。

　　附帶一提，東京的森口繁（S. Moriguchi）博士最近告訴我，在1950年及以後，每場由最高主管參加的會議，其參加者各公司的總計資本額，都達到日本上市總資本的8成。

　　這個流程圖的開端，是某個關於產品或服務的構想──顧客可能需要什麼，也就是預測。這是第0階段，第6章會有詳細說明。

　　由這項預測可以導出產品或服務的設計。接下來的步驟，包括觀察顧客使用產品的情況，再重新設計──新的預測。這個循環不斷運行，設計再設計，形成一個持續學習以及持續調整的過程。

　　使用這個流程圖，可以提供產品或服務持續改進，以及不斷學習的回饋迴路（feedback loop），使我們能藉以觀察，重新設計在成本、銷售、和顧客評估等各方面的效應。（由芭芭拉‧勞頓〔Barbara Lawton〕博士和奈達‧巴凱蒂斯〔Nida Backaitis〕博士共同提供）

　　系統的動力學。為了要使流程圖有用，由系統任何部分所流出的原料與資訊，必須與下一階段所需要的投入相配合。流程圖的目的，是原料由前面流入，在最後轉化為有用

的產品或服務。因此，圖6的流程圖所描述的，不僅是物料的流動，也包含管理系統所需的資訊流動。

我們改動系統的一個或多個組成部分時，流程圖能協助預測系統的哪些組成部分會受到影響，以及幅度有多大。（由芭芭拉·勞頓博士提供。）

讀者可參照本書中其他流程圖，如第1章的聖心聯盟（圖3）及第6章的引擎開發階段（圖14）。另外，第6章的PDSA循環（圖13），則是一個學習以及改善過程或產品的流程圖。

工作中的喜樂。假如我們在圖6的流程圖中填入人名：你在這裏工作、約翰在那裏、我在這裏。如此一來，每個人就可以一眼看清楚自己的職責——我要依靠誰，誰會依靠我。任何人都能了解自己的工作如何與他人的工作相互配合。他對工作會努力、用心。他會知道把工作做好的價值。這樣他或能享受工作的喜樂。

這種流程圖可當作組織圖，它會比常見的金字塔組織圖有意義得多。金字塔圖只是顯示職位的上下關係，誰應向誰報告，雖然標示了指揮與責任的層級，卻沒有指出任何一個人的工作與他人的工作之間的關聯。如果說金字塔圖真的傳遞了什麼資訊給員工的話，那就是：每個人首要的工作就是取悅上司（以便取得好的考績）。顧客也沒有被包括在金字塔組織圖內。因此，即使金字塔式組織圖原先有其作圖的目

的，卻反而破壞了系統。

　　金字塔式組織圖，確實具有破壞系統的作用，因為它促使組織的諸部門各自為政，形成個別的利潤中心，以致破壞了系統。（上述兩段的觀察是奈達‧巴凱蒂斯〔Nida Backaitis〕博士所提供）

　　我之所以會在1950年訪問日本，是受到日本科技連（JUSE——日本科學與工程連盟之簡稱）的邀請，當時日本產業的發展，仍處於萌芽階段。之前，我於1947年到過日本，去協助他們規劃預定在1951年舉行的普查工作。因此，我有機會與日本的農業、住宅及就業部門的人士共事。由於有過這些淵源，使日本較容易接受我從1950年起所倡導的說法，也就是系統以及合作的理論。

摘錄自理查德‧希巴斯（A. Richard Seebass）的文章（注3）

　　美國於1887年通過哈奇法案（Hatch Act）之後，開始進行農業研究，設立實驗站與農業改良場。他們進行研究，建議應種植的品種、時間、深度、行距，以及施肥、雨水、灌漑時間與方法等。

　　他們也對果樹栽培、牛乳生產、肉類以及羊毛等從事研究，並透過地方改良場轉移技術給農民。農民都能很快學習與改變，毫不遲疑地改用節省勞力的工具或機

械，同時彼此合作。

隨著農業實務知識的散布，有些開發中國家的農業產量逐年增加，對北美穀物的需求，也隨之降低。（知識自會跨越國界，毋需簽證。譯注：這是戴明博士一篇論文的題目。）

然而工業界與農業界的狀況並不同。1950 年戴明博士應邀赴日指導品質管理的觀念時，並非將這類的知識從美國傳播到日本，因為他在日本所教導的，在美國也並不存在。他在那裏所教的是一套系統的原理，他的指導，日本的管理者與工程師聽進去了，然後照著實行。他的理論有賴人員之間以及公司之間的合作，而在日本，合作一直是傳統的生活方式。

這個系統的範圍涵蓋全日本。戴明博士教導他們，公司必須彼此合作，一起工作。你學會這個之後，再教導其他的公司。日本的轉型，必須像草原上的野火，延燒到整個國家。

學校系統。學校系統（不論是公立學校、私立學校、教會學校〔如天主教等宗教團體所經營的教區學校〕、職業中學或大學），並不只是由學生、教師、委員會、校董會以及家長等各自去工作，就可以達到其目的。相反的，這些團體應該協力達成社區賦予學校的目的──兒童的成長與發展，

以及協助他們為了將來社會的繁榮而貢獻、準備。

　　它應該是這樣的教育系統：讓學生由幼稚園至大學都能享受學習的樂趣，免於分數與獎狀等的恐懼，同時教師也能樂於教學工作，沒有考績的恐懼。這個系統應該承認，學生之間以及教師之間存有差異。如果其中有些學校為了本身的特殊利益而聯合起來向政府去關說，則此學校系統就會被破壞。如此，所有的學校早晚都會成為輸家。

　　效果延遲。管理者目前所採取的行動，其效果可能要數月甚至數年之後才會產生。立即的效應或許是接近零甚至負數，因此，要評估某些改變的效果，並不容易。

　　　　員工培訓就是一個簡單的例子。即刻看得出來的，只是其成本與費用。培訓的成績，卻要在數月、甚至數年之後才會顯現，也可能完全沒顯現出來。此外，效果也是無法衡量的。

　　　　那麼為什麼公司還要花錢培訓呢？因為管理者相信，未來所得到的利益，將會遠超出培訓成本。換句話說，管理者依據的是理論，而非實際的數字。他們肯投資於培訓是聰明之舉。

　　對於問題未經研究就提出解答，短期看來或許方向正確而有點成效，後來卻可能是場災難。例如，解雇員工之舉，

可以立即有降低成本的效果，但是過些時候可能就會有嚴重的後遺症。根本的解決之道，其效益或許在短期之內無法顯現。彼得‧聖吉（Peter Senge）的《第五項修練》（*The Fifth Discipline*，中譯本天下文化出版）的「捨本逐末」系統基模圖，就說明了這個觀點。

互相倚賴與互動。管理者的重要職責之一，是去確認、了解部門之間是互相倚賴的，並協調、管理之。其他像排解衝突，以及去除合作的障礙，也都是管理者的責任。

職務說明需要修正。「職務說明」（job description）不應該只是描述動作，做這個、做那個、這樣做、那樣做，更要說明該工作的用處，以及該工作對於整個系統目的的貢獻。

假設你告訴我，我的職務是清洗這張桌子，並且把肥皂、水、刷子都指給我看。可是我還是搞不清楚我的職務是什麼。我必須知道這張桌子在清洗之後做什麼用、為什麼要清洗？是要用來擺食物嗎？如果是這樣，現在就已經夠乾淨了。如果是要用來做開刀手術，我就還需要用熱水清洗桌面、桌底、桌腳好幾次，還包括桌下與四周的地面。

另舉一個例子：假設我是個程式設計員，如果我知道這個程式的用途，就能將工作做得更好（錯誤更少）。但是職務說明中，往往並沒有提到我想知道的事。

就每一個人的職責而言，都需要詳盡了解組織工作流程圖中，在他後面人員的工作需要。

違反這項原則的一個實例，是飛機座椅扶手上的按鈕之設計。把按鈕安排在那個位置的人，顯然沒有搭過飛機。旅客該如何開燈關燈？除非他運氣好或夠耐心，才能發現操作的祕密。為什麼閱讀燈的開關設計，要像猜謎一般？

我所用的口袋型記事本，它的設計者自己也一定沒親自用過它，否則他就不會讓許多無用的資訊占用許多空間，而應該多留空白，供使用者記載之用。

聖保羅了解系統。以下摘自《聖經・格林多前書》第12章第14-16節／《聖經・哥林多前書》第12章第8節（依不同版本）。由這些文字可知，使徒保羅了解系統的意義。

> 原來身體不只有一個肢體，而是有許多。如果腳說：「我既然不是手，便不屬於身體；」它並不因此就不屬於身體。如果耳說：「我既然不是眼，便不屬於身體；」它並不因此不屬於身體。若全身是眼，哪裏有聽覺？若全身是聽覺，哪裏有嗅覺？……但如今肢體雖多，身體卻是一個。眼不能對手說：「我不需要你。」（注4）

系統的破壞。（由奈達・巴凱蒂斯博士提供）假設我們把圖6的流程圖（組織圖）拆散，讓它們變成彼此競爭的單

位——如消費者研究、產品設計、再設計,每個供應商也自成一單位(圖7)。現在每個人都只自顧自地去盡最大的努力,依據某種競爭評量準則(competitive measure),為自己爭取高分。有人會責備這些人嗎?他只有這樣,才有希望生存下去。

結果:該系統遭到破壞之後所導致的損失,是無法去衡量的。

最常見的一個例子,就是國會議員各自為其所代表的州去施壓,去爭取聯邦預算,而完全不顧國家的整體利益。

又比如說,當國會已通過要削減全國海軍基地的預算,

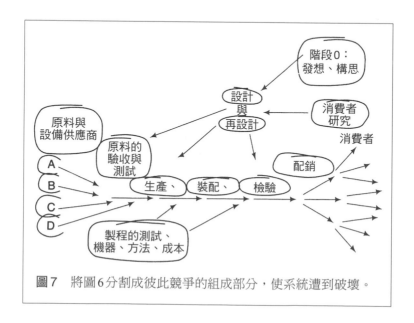

圖7　將圖6分割成彼此競爭的組成部分,使系統遭到破壞。

議員卻堅持不得關閉設在本州的海軍基地。你能責備他嗎？
他是否能競選連任，完全要看能不能將州內的海軍基地保留
下來，至於這對整個國家是否最有利，可就沒人關心了。

一個可能的解決之道，是讓國會議員改為終身職，或可
以當到90歲。另一個辦法，或許是限制任期為10、12、或
15年，但不得連任。這些建議可視為干預（tampering）──
針對系統採取行動，卻未能切中問題的基本原因──的例子
（詳見第9章）。本例中問題的基本原因，在於人們並不了
解：對整個國家最有利的事，也正是長期而言對每一個人最
有利的事。

破壞系統的實例。汽車引擎與傳動系統的內部都有電氣
元件。一位經驗豐富的工程師重新設計了某些元件，將它們
放入引擎內去取代一些電氣零組件，其他的保持不變，這樣
傳動系統就可以免用任何電氣零組件。下表就是兩種設計方
案的成本比較。

電氣元件改善案

狀況	引擎	傳動系統	合計
現況	$100	$80	$180
改善案	$130	$ 0	$130
改善案節省的經費			$ 50

然而，這項建議案卻被引擎部門的財務人員否決了，因為這會使引擎的成本增加30元。他們的職責是降低引擎成本，而不是增加成本。雖然這項建議案足以使公司的總成本下降50元，但引擎部門財務人員並不去考慮這點。他們只管引擎部門的事，不是整部汽車。對他們而言，引擎部門是個獨立的利潤中心。

破壞系統的另一個實例。有一位女士從芝加哥打電話到我華盛頓的辦公室。她知道我下星期一會到紐約，去哥倫比亞大學與紐約大學授課。她希望當天能和我談半小時。她會在星期一的上午7時抵達紐約，希望當天與我碰面，時間由我指定。她到紐約的目的，是代表公司參加某個會議，從星期一下午到星期二。她會發表一篇論文，並與同行交換意見。我很快地心算她的行程：

7:00 紐約時間，抵達紐約拉瓜迪亞機場。

4:30 紐約時間，在芝加哥登機。

3:30 芝加哥時間，在芝加哥登機。

1:30 芝加哥時間，離家。

0:30 芝加哥時間，起床。

要在清晨7點抵達紐約，她當晚就無法上床去睡覺。對下午才舉行的會議而言，這樣的時間銜接並不好。為何不搭

乘上午 11 點半抵達紐約的班機呢，這樣可以多睡幾個鐘頭？她解釋說，那樣的話，會增加公司 138 美元的費用。在該特定時段，公司負責員工差旅的部門是可以取得低價優惠票的。

　　難道該公司差旅部門不了解，讓員工抵達目的地時能精神飽滿地執行職務，對於公司整體（以及公司內每一個員工）而言會更好嗎？以下是利弊分析（＋代表正效果，－代表負效果）。

現行做法
　　差旅部門　＋　　　　　出差者　－　－　－　－

較佳做法
　　差旅部門　－　　　　　出差者　＋　＋　＋　＋

　　採用較佳的管理，公司會有較高的收入，自然能支付每個員工加薪，包括嘉惠差旅部門的員工。

　　另一個實例。由紐約的拉瓜迪亞機場直飛佛羅里達州的奧蘭多（Orlando），只需要 2 個小時。我知道有位女士為業務需要而出差，同樣飛行旅程卻要花上 7 小時。她的公司的差旅部門與某航空公司取得低價票折扣協議，可是，這必須在沿途的兩個城市換機，因此，她要多花 5 個小時。利弊分析如下：

差旅部門 ＋ 　　　　出差者 － － － －

公司 － － －

在此例中，差旅部門雖善盡其責，卻導致公司的損失。結果，每個人都是輸家，包括差旅部門的員工在內。

你能責備差旅部門的員工執行其為公司省錢的職責嗎？不能。那麼問題出在哪裏？該公司的管理者不了解系統。

有一家汽車公司將其編制分為兩個事業部：

1. 低價位小型車。

2. 高價位豪華大型車。

當然，這兩事業部有些重疊的部分。

隨後最高管理者制定了一項政策，讓兩個事業部彼此競賽，此做法所根據的假定是：兩事業部相競爭之下，會生產出品質較好的汽車，使銷售更為熱絡。這兩事業部的高階人員的報酬，是依據其銷售額而定。為了增加銷售，原本生產經濟型小型車的事業部，決定延伸其生產線，也要生產大型車。基於同樣的理由，生產豪華大型車的事業部，也決定延伸生產線而開始生產小型車。這種做法，很不幸地損害了公司的品質形象。公司最高主管終於逐漸認清事態嚴重，只好承認讓兩個事業部彼此競爭的做法是錯誤的，同時也取消依據銷售額來決定薪資的做法。

再多舉一個實例（系統遭到破壞）。根據庫雷頓‧哈里斯（Cureton Harris）1963年在紐約大學的博士論文，公司為一個系統，她研究各部門應如何合作以替公司謀取最大利潤，並讓員工樂於工作。她訪問位於紐約與費城之間的11家公司，目的是要了解各部門或各事業部應如何共事。

調查訪問讓她發現，參與設計與重新設計產品或服務的人，並不和從事消費者研究的人交換意見。他們不相往來的理由是，怕給管理者留下壞印象，認為自己不夠專業，而必須向消費者研究人員求教。他們不想讓任何人懷疑自己欠缺工作上的必要知識。她也注意到，到處都有獨立而相互競爭的利潤中心。原來可能存在的系統，被各個不同部門與單位破壞了。只有一家公司例外，就是位於費城的舒潔紙業公司（Scott Paper Company）。

每樣東西都是最好的還不足以成功。羅素‧阿可夫（Russell Ackoff）博士在多年前就指出，如果有人不計成本，由各型汽車中選出最佳的零組件，再將它們裝配在一起，這樣還是不能拼裝成一輛車，因為那些零組件畢竟是無法構成一個系統的。

密西根貝爾電話公司（Michigan Bell Telephone Company）的卡拉貝里（H. R. Carabelli）先生對我說過，一家公司即使擁有最好的產品工程師、最好的製造工程師、以及最好的銷

售人員，如果這些人不能如同處於一個系統般協作、做事的話，仍會不敵其他公司——他們員工雖較弱，管理上卻更為良好。

即使組織中的各組成部分，都能自行達到最佳化（每一部分以自己為主，都追求個別利益），可是這樣整個組織並不一定會得到最大利益。

請注意，組織整體在取得最佳化（取得最大利益等）時，各組成部分不會是處於局部最佳化的。

美國的學校也遭到破壞。美國的公立學校的運作方式，並不成一個系統。干擾其達成最佳狀況的因素有：市級督學、郡級督學、校董會（成員透過選舉產生，一段時間之後就換人，因此沒有永續之目的）、區董會、地方政府、郡政府、州教育委員會、聯邦政府，以標準化考試來評估學生、各區與各州之間的比較等等。

誰願意與輸家打交道？有一位女士寫信給我，內容如下：

> 我的婚姻關係不順，每下愈況，永無休止的困擾，時贏、時輸，雙方都競想成為贏家。我參加了您的研討會，並且學到系統、合作、雙贏的概念。我向我的先生解說這些概念，然後我們一起協商每個相處的細節，追求雙贏。結果我們兩個人都贏了。誰願意在婚姻中競

爭？如果你是贏家，另一半就一定是輸家。可是誰又願意另一半是輸家呢？

這封信提出了一個好問題：誰願意與輸家打交道呢？有人會希望他的供應商、他的顧客、他的雇主、他的供應商的員工、他的顧客的員工等等是輸家嗎？當然不會。

家庭生活。類似的轉型也會影響家庭生活。家長不再將子女排優劣順序，也不會有偏愛或獎賞。家長會希望任何一個子女是輸家嗎？兄弟、姊妹會因為家中有一個輸家而感到快樂嗎？經過轉型，整個家庭將會展現合作精神：相互支援，相愛互敬。

惡性競爭的失敗。如果經濟學家了解系統的理論，以及合作在最佳化中所扮演的角色，他們就不會再教導和宣揚對立的惡性競爭會帶來的福祉。取而代之的，將會是引導我們為系統做出最佳的規劃，讓每個人都更好。

我想，每個人都會同意我的看法，認為美國的航空服務糟透了。這是政府採取下述政策：解除市場管制、讓業界自由競爭，以及開放新公司進入市場等，所可以預見的後果。它會更加惡化嗎？各位下個月再加以比較，就會知道我沒說錯話。

操縱市場價格（Price Fixing）。如果市場有某壟斷商、

或由2家或更多家公司或機構主導該市場，他們想協商訂出統一的售價時，若是想將價格訂得比整個系統——他們本身、顧客、供應商、員工、環境以及公司所在的社區——的最佳長期利益，多出一分錢時，都是笨蛋的作為。即使將售價訂得只比最適價位高出一分錢，仍是不智之舉。把售價訂得更高點來多賺點，只不過是自欺，長期而言，反而會損及本身的利潤。同樣地，如果市場有某壟斷商、或由2家或更多家公司或機構主導市場，他們為了短期的最大利益，想將某一新產品或服務擋住、讓其延後推出，結果不但會有損本身的長期利益，同時也欺騙了顧客、供應商、員工，使他們無法享受法律上應有的利得。

反托辣斯部門（Antitrust division，或稱公平交易部門）的功能，應該是解釋、說明上述原則。換句話說，它的功能應該在於教育，使大家能在有獨占與卡特爾（cartel，為了某一目標，如限價、管制產品等而成立的龐大組織）的情況下，獲取最大利益。我的這一建議，可比目前花了太多時間，想去找出那些想像出的違規者，要好得多。

就售價做公開討論、商議，我們應有法條來規定之。由生產者與消費者共同合作。產銷雙方就價格數字與觀點，彼此交換意見。就某一建議的售價，任何顧客都應有權去審查之與反對之。

今天所訂定的任何售價，可能會因為新知識、新數字、

或者技術的發展，在明天就必須重新考量。

　　如果某家公司的目的是追求短期利益，它會將售價盡量訂高，在短期內賺了一票之後，就退出市場。在此情形下，反托辣斯部門的一個功能，就是保障社會大眾。

　　關於獨占的一些省思。獨占者有最好的機會，同時也要負起重大的義務，去為社會提供最大的服務。當然，最大的服務需要有開明的管理者。獨占曾經對於我們的福祉有過重大貢獻，只要想一想貝爾電話實驗室就夠了。貝爾是獨占者，只需對機構本身負責，但是沒有貝爾的貢獻，這個世界會如何？

　　由於1984年反托辣斯部門的干預，破壞了美國原有的電話系統，使美國人都成為無辜的受害者。過去電話是獨占事業，但它的服務績效也是全世界豔羨的。

　　如今，我們不再有電話系統，我們有的，只是許多電話的集合。

　　開放電信市場，並非解決之道。競爭者為了與AT&T公司的長途電話業務相抗衡，會遇到許多阻礙，它們必須投入巨額的金錢於線路、研究及廣告上。即使競爭者能成功取得相當的長途電話市場，它與AT&T公司所支付的成本總和，也會遠超過只有單一獨占者的情況。長途電話費率終會上漲，我們所有人都要付出代價，蒙受損失。沒有人會是贏家（注5）。

美國常春籐大學聯盟的合作有成。1992年，反托辣斯部門控告數家美國大學，指他們聯合訂定統一金額的學生助學金，好像認為這種合作乃是不利於美國人民的罪行。事實上，這類合作應多加鼓勵，因為它是有利於學生的。

反托辣斯部門犯下的另一個對美國人民不利的錯誤，就是多年前將AT&T與西方聯合電報公司（Western Union Telegraph Company）分拆開來（譯注：1984年元旦起，將美國貝爾系統分成7個區域控股公司，參考維基百科「Breakup of the Bell System」。先前AT&T併購西方聯合電報公司時，已引起美國反托辣斯部門密切注意）。

獨占機構經營良好的一個實例，就是戴比爾斯公司（de Beers Consortium），它支配全球鑽石市場已百來年，擁有南非的金伯利（Kimberley）礦場。由於它一直壓低鑽石價格，並且致力於發現鑽石的新用途，這些做法使它本身與全世界都受惠。

假如戴比爾斯與奇異電器（General Electric，譯注：該公司有人造鑽石事業部）想要共同制定鑽石價格，應該受到鼓勵，當然前提是他們了解人人皆可受益的系統觀念。

合作有成的另個實例，就是歐洲共同體（European Community）。剛開始推動的時候，確實遭遇到問題，因為成立之後，某些產業會遭受短期的損失。因此對於這些產業的股東，必須採取某些保護措施，同時也要保障被解雇的員

工。

美國郵政服務並不是獨占事業。郵政業務會受到國會的干擾。如果美國郵政服務是獨占事業,可能有機會提供較好的服務。

對貨運系統的意見。美國州際商業委員會（Interstate Commerce Commission, ICC）在1990年9月,控告10家汽車貨運公司負責訂定貨運費率的主管,認為他們集體壟斷價格。這些貨運費率部門請我撰寫一份聲明,向ICC解釋,為什麼ICC有義務支持一個州際貨運的系統,並且指導它。以下就是我的聲明文本:

對汽車貨運集體訂定費率
及相關的程序和實務之調查

愛德華・戴明博士向美國州際商業委員會報告

代表（Ex Parte）MC-196一方利益
1990年8月23日

I

不必透過任何文獻,就可以清楚知道,美國在世界市場

上的地位已經滑落了。來自其他各國日益擴增的經濟挑戰，業已非常明顯，而且短期內不會消失。

依我個人的觀點，問題所在是品質——產品的品質、服務的品質、工作環境的品質，以及政府和產業界之間合作的品質。美國正面臨十字路口，有賴我們痛下決心去認清危機，並迎接此一挑戰。無可避免，我們需要轉型，但它不會自動發生。

我與貨運業的關係已超過35年，眼見它的營運日益衰退，也倍感關切。導致這種衰退的現象，是否與ICC主張的價格競爭有最大的關係呢？

II

各費率平台或單位，提供相關託運者以及貨運者一個共同商討的論壇。任何集體制定的費率，都要經過託運業者的同意與貴會的審查。至於費率水準，我深信貨運業者十分了解我的見解，那就是，如果他們集體將價格設定得比對於整個系統——貨運者、託運者、社區——最有利的狀況為高，這樣不但會損及自己的獲利，同時也使他們所服務的社區、他們的員工以及經營環境，都無法享有高品質與符合經濟效益的服務。因為如果費率高於整個系統最為有利的價格，將會驅使顧客轉向其他運輸方式。

III

運輸是否有效率，不能只根據價格來判定。便宜不一定就是好。對於運輸服務的使用者而言，可信賴的、可靠的服務，更為重要，這包括交貨時間與運送時間的變異更為縮小，也包括長期上，成本能降低（圖8）。

交貨時間變異大，將迫使顧客維持較高庫存，以便發生延遲交貨情形時，仍能保持生產穩定。提早交貨的成本也很高，因為顧客必須找到可供儲存的倉庫空間。對貨運業者而言，送貨時間分布的變異之縮小，應該是一項重要目的。

為了達成這項目的，貨運業者必須將設備維持在良好的狀況，不能讓車輛及員工過度消耗。為求服務品質能有真正的改善，貨運業者必須能持續一致地由點到點運作，而不發生設備故障或員工效率低落的問題。

IV

現在ICC應該由系統的觀點，來了解、管理運輸業。這個系統包括好幾個組成部分——貨運業者、他們所服務的託運者、雙方的員工、他們所生活的社區、環境、整個國家，以及相關的政府單位ICC。這些組成部分彼此相互依存。

系統需要有目的。沒有目的，不能成為一個系統。目的是一種價值判斷。在我們競爭日趨激烈的世界中，我建議以

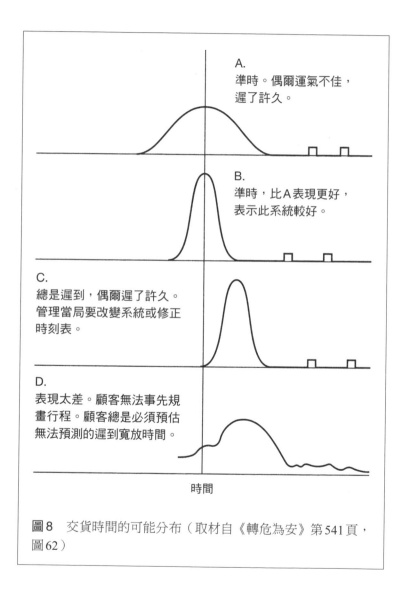

A.
準時。偶爾運氣不佳，遲了許久。

B.
準時，比A表現更好，表示此系統較好。

C.
總是遲到，偶爾遲了許久。管理當局要改變系統或修正時刻表。

D.
表現太差。顧客無法事先規畫行程。顧客總是必須預估無法預測的遲到寬放時間。

時間

圖8 交貨時間的可能分布（取材自《轉危為安》第541頁，圖62）

下列各項做為我們運輸系統的目的：

1. 愈來愈好的服務——也就是說，交貨更為可靠。在準時交貨方面也要持續改善。
2. 貨運業者的成本愈來愈低。
3. 貨運業者與託運者雙方的員工，都享有較好的生活品質。
4. 保護環境。

把焦點放在有品質的系統，每一個人都將受益。上述目的並非不切實際的幻想，它是可以達成的。貨運業者、託運者，以及雙方的員工，必須為系統的最佳化而共同努力。如果讓他們各行其是，個別的組成部分不但無法完成該目的，反而會破壞它，長此以往，將讓每個人都成為輸家。

系統必須加以管理，必須有人領導。

應該將競爭導向為去擴大市場，去滿足尚未被服務者的需要。只要能指出系統的焦點，貨運業者將會扮演好追求品質與最佳化的角色。

無論是貨運業者與託運者之間，或是同為運輸業的一分子，各個貨運業者之間，合作都是不可或缺的。

V

在認清來自世界競爭的挑戰日趨激烈，以及運輸業必須

轉型，以協助美國的生產者面對這項挑戰上，ICC處於獨特的地位。但是這種轉型並不會自動發生，也不能藉著各家貨運業者相互競爭、壓低價格來達成。

ICC應該知道，以零和遊戲為前提的競爭，無法扶植出健全的運輸業，甚至於終將摧毀它。業者必須有利潤，同時彼此應該像一體的團隊般合作，讓所有的參與者，不分公司大小，都能生存並繁榮。美國企業正面臨挑戰，來自世界各國產業的競爭日益激烈，唯有堅定不移地承諾，透過合作來追求整體最大利益，同時所有企業不分大小，都有致力於改善的決心，這樣才能迎接這場挑戰。貨運業者與託運者都需要指導與引領。

關鍵在於，運輸系統整體要對品質有徹底的承諾。我呼籲ICC要擔當領導的角色，促成運輸業界的組成部分都能相互合作，同時要積極回應業界對於合作的需要。系統的目的是持續改善對託運者的服務，持續改善服務的品質，並維持貨運業的穩定。依我的看法，領導的責任非ICC莫屬，還有誰足以承擔這項重責大任？（致ICC聲明文結束）

部門間自私的競爭vs.合作的圖示。傷害來自內部的競爭與衝突，也來自從中所產生的恐懼。有一位採購經理承受公司要求降低成本的壓力，因而改買較為便宜的進料。由於製造部門一直無法達到所要求的標準，做為規格上的補償，

工程設計部門所定的容差（tolerance），淪為過於嚴格，這是不必要的。接近年底的時候，當年預算尚未完全花完的部門，就會開始多花錢來消化預算，不然因上年度的預算有餘，下一年度的預算可能會被削減。又如每逢月底將屆，銷售人員為了達成規定的業績金額，就得開始想方設法做業績，經常不擇手段。各種出貨數字，可能被動手腳，獎金計算式等，也重新界定。這些作帳或作假，為的是讓呈現給高階管理的報告數據，是他們希望看到的。

　　下面表1至表4顯示在衝突的環境中的損失，與從合作所得到的獲利（注6）。

　　有關各部門各自形成獨立的利潤中心，或是共同為公司整體利益而合作，這兩種不同管理原理的利弊得失，有興趣的讀者可進一步參考威廉‧謝爾肯巴赫（William W. Scherkenbach），《戴明修練II：持續改善》（*Deming's Road to Continual Improvement*, SPC Press, Knoxville, 1991，中譯本華人戴明學院出版），pp. 171-173.

　　另外一本值得推薦的書是威廉‧法伊佛爾（J. William Pfeiffer）和約翰‧瓊斯（John E. Jones）合著的《盡可能去贏》（*Win As Much As You Can*, University Associates, San Diego, 1980）。感謝溫蒂‧科爾斯（Wendy Coles）博士的推薦。

　　表1 本公司有3個部門：採購、製造、銷售。我們分別稱之為A、B、C。表的左欄是各部門所提的績效改進計畫。在現行的管理系統之下，每一部門自然只會採用對自己有利的投資計畫，而不會考慮到其他部門。由於沒有人關心其他部門，因此本表沒有列出對於其他部門的效應。

表1

部門別 及其計畫	對部門A 的效應	對部門B 的效應	對部門C 的效應	對公司整體 的淨效應
部門A 　i 　ii 　iii	＋ ＋ ＋			
部門B 　i 　ii		＋ ＋		
部門C 　i 　ii 　iii			＋ ＋ ＋	

　　表 2　在本表中我們列出表 1 中各計畫對其他部門的效應以及對於公司整體的效應。對某一部門有利的計畫,可能對於其他部門有害。本例結果是:對公司整體淨效應為兩個負號。假設這代表負 200 萬元,若平均分配,每一部門損失 67 萬元。

表 2

部門別及其計畫	對部門A的效應	對部門B的效應	對部門C的效應	對公司整體的淨效應
部門A				
i	＋	－	－	－
ii	＋	－	＋	＋
iii	＋	－	－	－
部門B				
i	－	＋	－	－
ii	＋	＋	－	＋
部門C				
i	＋	－	＋	＋
ii	－	－	＋	－
iii	－	－	＋	－
採用計畫的淨效應	＋＋	－－－－	0	－－
效應／利益的分配	−0.67	−0.67	−0.67	−2

　　表3 各部門在明智的管理者領導之下,都尋求對公司整體最有利的計畫,也就是右欄為正號的計畫。只有預測對公司整體有利的計畫,才會被採用。每一個人都因此受益,包括為整體利益而蒙受損失的部門在內。在利益分配上,每個部門平均獲利1百萬元。

表3

選用的計畫	部門別及其計畫	對部門A的效應	對部門B的效應	對部門C的效應	對公司整體的淨效應
	部門A				
	i	＋	－	－	－
ii	ii	＋	－	＋	＋
	iii	＋	－	－	－
	部門B				
	i	－	＋	－	－
ii	ii	＋	＋	－	＋
	部門C				
i	i	＋	－	＋	＋
	ii	－	－	＋	－
	iii	－	－	＋	－
	採用計畫的淨效應	＋＋＋	－	＋	＋＋＋
	效應／利益的分配	1	1	1	3

表4 由於表3的成功之示範，過去一些不見天日的計畫紛紛出籠，並在對公司整體有利的前提下被選出。表4最後一行顯示公司獲利豐厚，平均每個部門獲利267萬元。

表4

選用的計畫	部門別及其計畫	對部門A的效應	對部門B的效應	對部門C的效應	對公司整體的淨效應
	部門A				
	i	＋	－	－	－
ii	ii	＋	－	＋	＋
	iii	＋	－	－	－
iv	iv	－	＋	＋	＋
v	v	－	＋	＋	＋
	vi	－	－	＋	
	部門B				
	i	－	＋	－	－
ii	ii	＋	＋	－	＋
iii	iii	＋	－	＋	＋
iv	iv	＋	－	＋	＋
	部門C				
i	i	＋	－	＋	＋
	ii	－	－	＋	－
	iii			＋	－
iv	iv	＋	＋	－	＋
	v	＋	－	－	－
	採用計畫的淨效應	＋＋＋＋	0	＋＋＋＋	＋＋＋＋＋＋＋
	效應／利益的分配	2.67	2.67	2.67	8

合作無所不在的例子。競爭導致損失，它如同雙方拔河，兩邊勢均力敵，雖留在原地不動，卻虛耗體力。我們所需要的，乃是合作。本節每一個合作的實例都顯示，參與合作的每一方均能獲利。在運作良好的系統中，合作更具有生產性。我們可以輕易地列出一長串有關合作的實例，其中有些是如此地自然，幾乎讓我們察覺不出它的本質就是合作。合作時人人都是贏家。

1. 依據格林威治標準時間（Greenwich mean time）訂出時間表。你與你的競爭對手，還有你的顧客，都採用相同的時間基準。

2. 依據國際換日線制定的日期。例如11月29日，你與你的競爭對手，還有你的顧客，都採用相同的日期。

3. 交通號誌的紅綠燈，在全世界都代表相同的意義，而且，紅燈都設在綠燈之上。

4. 公制度量衡系統，全世界都採用。

5. 鏡片的焦距（focal length）與直徑的比率，在全世界都指波長546奈米（nanometer）。

6. 美國測試與材料學會（The American Society for Testing and Materials，簡稱ASTM）以及其他制定標準的團體。我有一個附燈泡的放大鏡，一按鈕，燈就會亮。如果要換電池，我可以在全世界各地買AAA電池，大小必定合

用。我或許會遇上品質的問題，但大小不會有問題。如果這個放大鏡只能使用某種專用電池，我可能根本不考慮買它。

7. 將製程或產品授權給其他公司使用。

8. 各公司彼此相互服務，製造零件與產品供給對方使用。幾乎所有化學公司都倚賴競爭對手提供中間產品。而汽車公司為對手製造零件，甚至提供整個引擎或傳動系統。某大汽車廠的某部門之最佳顧客，竟然是競爭對手。

9. 一家大型資料處理公司，為缺少某些設備的小型公司處理其工作，如此雙方都受益，顧客也受益。

10. 科學家與其他專業人員的會議，發表人與參與者透過理論與經驗的交換，對其他會員的新理論和方法，都有所貢獻。

11. 專業雜誌的文章，作者與全世界的人士分享其新構想、新方法、新成果。

12. 火車可以由加拿大各站，經美國各站、停靠，一路可開進墨西哥各站（譯注：原書各站名省略）。北美鐵路系統採用相同的軌距、可相互配合的剎車與列車掛鉤系統，使得三個國家的聯運成為可能。如此，運輸成本較低，行車時間更為可靠。

13. 專業人士之間的合作，彼此隨時都可以互相幫忙。

14. 我們買的燈泡、電熱器、捲髮器、冰箱，都是110伏特、60週波。這是全北美洲的標準電壓，同時插頭也與插

座相配。結果：便於大量生產，使用上又方便。

　　15. **我個人的經驗談**。我的汽車停在屋前，無法發動。我打電話給附近的艾克森石油公司（Exxon）所屬的加油站。當他們派人來服務的時候，我發現他開的卡車品牌，是對街競爭對手的。我認為這些人實在聰明。每個加油站都只備有一輛卡車，但如果可以借用對方的閒置車，那麼，兩家對手加油站都只需負擔1輛車的成本，就能提供顧客相當於1.8輛車的服務。結果，這兩家加油站都能以最低的成本維持各自的生意。他們還可以更進一步合作，輪流營業至深夜為顧客提供加油服務。這樣，他們都能維繫住夜間生意，而深夜時想加油的顧客，也不必開到城裏其他地方。

　　讀者應能注意到：每個合作實例的結果，都是人人獲益。

　　沃爾特・休哈特（Walter A. Shewhart）博士經常說，歐洲各城市之間建築法規的差異，導致成本提升，也剝奪歐洲人民享受量產的好處，代價甚至遠比關稅更高。經由歐洲共同體的建立，將可以消除這種差異。

第3章注

注1：本章及下一章多處得力於芭芭拉・勞頓（Barbara

Lawton）博士與奈達・巴凱蒂斯（Nida Backaitis）博士的貢獻。我1963年在紐約大學指導的博士生庫雷頓・哈里斯（Cureton Harris）的論文，讓我學到許多美國式管理的問題。在此推薦韋斯特・丘奇曼（C. West Churchman）、羅素・阿可夫（Russell L. Ackoff）和倫納德・阿諾夫（E. Leonard Arnoff）三人合著的《作業研究導論》（*Introduction to Operations Research, John Wiley, 1957*）。該書的第7頁與第13頁，為「系統」提供了清晰的基本概念。

注2：由Carolyn Bailey所提供。

注3：他是科羅拉多大學工學院院長。

注4：1990年7月11日，在倫敦西敏寺的英國國教晚禱第2課所指定的經文，這是好幾世紀以來的傳統。當時奈達・巴凱蒂斯（Nida Backaitis）博士提醒我此一經文，謝謝。

注5：參見吉田耕作（Kosaku Yoshida），"New Economic Principles in America—Competition and Cooperation," *Columbia Journal of Business*, Winter 1992, vol. xxvi, no. iv.

注6：各表及其說明，係摘自亨利・尼夫（Henry R. Neave），《戴明向度》（*The Deming Dimension*, SPC Press, Knoxville, 1990），pp. 232-239. 這些表，原本係在1988年由弗雷德・赫爾（Fred Z. Herr）所提供，他當時擔任福特汽車公司產品保證的副總經理。作者尼夫博士聲明他得到奈達・巴凱蒂斯（Nida Backaitis）博士的幫忙。

淵博知識系統 (注1)

再把糠用不滅的火燒盡了。

——《聖經》（路加福音）3章17節

本章目的。現在風行的管理風格一定要轉型。一個系統無法了解自己。轉型必須仰賴來自外界的觀點。本章的目的，正是要提供一種外界觀點——放大透鏡——我稱之為淵博知識系統（system of profound knowledge）。它提供了一組理論地圖，協助我們了解自己工作其間的組織，使我們得以在組織內取得最佳的成果，從而對整個國家有所貢獻。

第一步。步驟1是個人的轉型。這種轉型並非連續的，它來自對於淵博知識系統的了解。個人經過轉型之後，對於人生、事件、數字、人際互動等，都會感覺出另有新意義。

一旦個人對於淵博知識系統了解了，就會在與他人的每一種關係之上應用這原理。同時，對於自己的決策以及所屬組織的轉型，會有判斷的基礎。人們在轉型之後，將會：

- 以身作則。
- 善於傾聽，但不會妥協。
- 持續教導他人。
- 幫助他人揚棄現行的做法與想法，轉向採用新理念，而不會對於過去懷有罪惡感。

外界的觀點。淵博知識由 4 大部分所組成，它們彼此之間相互關聯：

- 對於系統的了解
- 有關變異的知識
- 知識的理論
- 心理學

我們要了解「淵博知識」並加以應用，並不用對於上述任何一部分或全部都又專又精。適用於產業界、教育界以及政府的「管理十四要點」（參考《轉危為安》第 2 章），就是這種外來知識的自然應用例子，它們可以將現行的西方管理風格，轉型為對整個系統最為有利的做法。

初步簡說。此處所提議的「淵博知識系統」的任何一部分，都不宜單獨分開。它們彼此之間有互動。因此，如果缺乏「變異的知識」的話，其心理學的知識也就不算完整。負責管人的管理者應該了解，所有的人都是不同的。這並不等於說，我們可以將人排等級。我們也需要了解，任何人的績效，大部分是受他所屬的工作系統所支配，而該系統是由管理團隊或當局所負責的。一位心理學家只要具備紅珠實驗（第 7 章）所揭示的粗淺變異知識，就不至於會認為將人員排等級的計畫會改善工作，也不會再願意參與績效排序的工

作。

　　心理學與變異理論（統計理論）的應用，兩者之間關係頗深，例子實在不勝枚舉。例如，檢驗員所能檢剔出的不良品數，與工作量大小有關（約1926年，哈羅德‧道奇〔Harold F. Dodge〕在貝爾電話實驗室即有相關報告）。檢驗員為了不致誤判任何人的成果，會讓落在不合格邊緣的產品過關（《轉危為安》第304~305頁）。我在該書第304頁，還提到一位檢驗員為保住300個人的工作，而刻意將不良品比率壓低在10%以下。

　　某位教師為了不想有「大刀」（當人）的綽號，會讓成績在不及格邊緣的學生過關。

　　恐懼會讓人帶來錯誤的數據。通知壞消息的人，下場經常是很慘的。因此，我們往往看到人們為了保住工作，只對上司報喜而不報憂。

　　由公司總裁所任命的委員會，只會報告總裁想聽到的消息。他們敢不這樣行禮如儀地討好嗎？

　　每個人都可能會不經意地自抬身價。某人或許會對進行「讀報調查」的訪問員說，他看的報紙是《紐約時報》。事實上，他今天早上才買了一份專登花邊新聞的小報。

　　依據扭曲的數據所做的計算與預測，只會帶來混淆、挫折與錯誤的決策。

　　公司只依會計數字等形式的績效來評量績效的方式，會

迫使員工在過程中動手腳，並會以不實的承諾來誘騙顧客去購買他們並不需要的東西，來達成其銷售額、總收入或成本目標（注2）。

　　負責轉型的領導者以及相關的管理者，都必須學習個人心理學、群體心理學、社會心理學，以及變革心理學。

　　變異的知識，包括了解「穩定系統」（stable system），以及了解變異的特殊原因（special cause）與共同原因（common cause），這些都是管理某個系統，包括人的管理，所不可或缺的。本書從第6至10章，將陸續作深入的探討。

系統

　　系統是什麼？正如我們在第3章所提到的，系統是由相依的組成部分之網絡所組成，透過其共同運作，來達成該系統的目的。一個系統必須有目的；系統沒有目的，就不算是個系統。

　　我們在第3章也學會了：系統也需要管理。

　　相依。系統各部分之間的相互倚賴愈高，彼此之間就愈需要溝通與合作，而同時就越需要整體性的管理。圖9顯示由低至高的相依程度。

　　事實上，正是由於管理者未能了解各組成部分的相依性，採用了目標管理法，從而造成損失。雖然公司內的各部

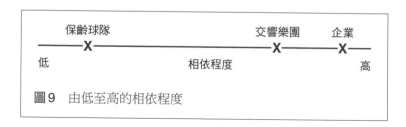

圖9 由低至高的相依程度

門都各有職責,但其產生的效果並不是相加成的,而是相依的、互動的結果。某一部門自行其是,雖說達成了本身的目標,卻會讓其他部門損失慘重。對於這一點,杜拉克先生的闡述很清楚(注3)。

運作良好、優秀的交響樂團,就是系統的好例子。樂團的每位團員並不會自顧自地演奏,競相爭取聽眾的叫好,而是要相互支援。個別來看,一流樂團的各樂手並不必然是全國最佳的。

因此,倫敦的皇家愛樂交響樂團的140位團員,每位都要支援其他139位團員。聽眾對於某一交響樂團的評價,多半不是針對耀眼的個別演奏者,而是團員之間彼此搭配的默契。樂團指揮就是管理者,必須促成各演奏者之間的合作,讓樂團像一個系統,每位團員都能相互支援。交響樂團還會有其他目的,比方說,演奏者與指揮者都要能享受工作的樂趣。

組成部分的義務。各組成部分的義務,是將其最好的,

貢獻給系統，而不是追求本身在生產上、利潤上、銷售上或其他任何競爭性指標上的極大化。某些組成部分的運作方式，甚至會讓自身虧損，以追求整個系統的最大利益。

我們在第3章中提過一些例子，包括差旅部門為節省旅費，導致出差者的效率大減；還有採購部門節省了初期的購料成本等，卻導致下游的重大損失。

談判（協商）的基礎。所有相關人員的最大利益，才應該是人與人之間、各部門之間、工會與管理者之間、公司之間、子系統之間、國家之間的談判（協商）的基礎。這樣，人人都可受益。

如果其中一方背棄談判的協議，走上追求自私利益之途，那麼協商的成果即使不被破壞殆盡，也會大受傷害。

關於變異的知識

生活就是變異。變異無處、無時不在，無論是在人與人之間，或在產出、服務、產品之中。透過變異，我們對於過程以及在其中工作的人員，可以知道些什麼呢？

身為教師，有必要懂得一些變異的知識嗎？希羅・哈克奎博德（Heero Hacquebord）提過，他6歲大的女兒剛上學幾星期之後，有天帶回來一張老師的字條，上面寫的壞消息是，目前共考過兩次試，令媛的2次成績都在平均之下。老

師提醒家長：要注意往後可能的問題。其他接到同樣字條的家長，也都感到很擔心。他們很希望能相信哈克奎博德先生的話，也就是這種比較是沒有意義的，但是，他們仍然會擔心。另外一些學生家長也接到字條，內容則是令郎在2次考試的成績都在平均之上，請為這位天才做好準備吧。或者是，令媛第1次考試的成績在平均之上，但是第2次則落於平均之下。

這位小女孩知道自己2次考試成績都落在平均之下，心裏會產生負面的影響。她會感到羞辱、自卑。她的父母把她改送到另一間學校，他們懂得培養兒童的信心。她恢復了自信心。

萬一她無法恢復信心呢？也許一輩子就毀了。有多少小孩有同樣的遭遇，卻沒有獲得正面的支援、協助？這，沒人會知道。

這位教師竟然沒有察覺：每次考試，必然會有大約一半學生的成績在平均之上，另外一半則在平均之下。正如為某個地方的人作膽固醇檢查，也有一半的人的膽固醇值會在平均值之上。這個事實，任何人都無從改變。

在什麼情況下，數據會顯示過程已達穩定狀態（stable state），而且產出的分布是可以作預測的呢？過程一旦進入統計管制狀態（state of statistical control），就具有可界定的能力（definable capability）；而不在穩定狀態的過程，則沒

有可界定的能力，也就是說，其績效無從預測起。

我們在嘗試改善結果的時候，經常會犯兩類錯誤，兩者的成本都很高（《轉危為安》第361頁）。在第8章。我們還會作深入探討。這兩類錯誤是：

錯誤 1：把源自共同原因的變異，誤認為源自特殊原因，而作出反應。

錯誤 2：把源自特殊原因的變異，誤認為源自共同原因，而沒有作出反應。

休哈特（Shewhart）博士提出多種程序，教我們如何使這兩類錯誤的經濟損失最小化。（詳見第8章）

穩定和不穩定狀態。 過程可能是在統計管制狀態下，也可能不是。如果在統計管制狀態下，則未來可能的變異將可預測，成本、績效、品質，以及數量，也都可以預測，休哈特稱這種情形為穩定狀態。如果過程不穩定，則稱之為不穩定狀態，它的績效無法預測。（詳第7和第8章）

在穩定與不穩定這兩種不同的狀態之下，對人員（領導者、督導員、教師）的管理是完全不同的。如果分不清這兩種不同的狀態，將會造成重大問題。

管理者需要了解各種力量的互動。因為互動有可能強化效果，也可能抵消效果。人事管理人員需要了解系統對於員

工績效的影響（第6章）。能認識人與人之間、團體之間、部門之間、公司之間、乃至國與國之間的相依與互動，對我們會有助益。

使用數據之前，先要了解其不確定性的來源。由於測量（衡量）也是一種過程，因此，先要確定測量系統本身是否穩定。

要運用數據，也需要了解計數型研究（enumerative study）與分析型問題（analytic problem）之間的區別。計數型研究針對母體名冊（a frame，抽樣底冊）產出資訊。抽樣理論與實驗設計，還有美國的人口普查，都是屬於計數型研究。另一個計數型研究的例子是，買賣雙方需要估計貨船上所載的鐵礦砂中，究竟含有多少量的鐵。

相反的，對於測試或實驗結果的解讀，則是另一回事。這是一種預測：我們對於某一過程或程序，應該要作某種改變，還是不作改變比較好？無論選擇哪一種，都涉及預測。這就是屬於分析型問題，也稱為推論或預測。分析型問題的目的，是針對未界定或不斷改變的群體，了解其因果結構。在這時，無論是顯著性檢定（test of significance）、t檢定（t-test）或卡方檢定（chi-square），都派不上用場，也就是說，它們對於預測沒有幫助，我們無法對群體作統計推論。半世紀以來，「假設檢定」一直是我們了解統計推論的主要障礙。

某次研討會中的提問。有人請我對於「淵博知識來自系統之外」的說法，再講得詳細一點。他質疑，在系統內的人，難道不是對於系統現況最了解的人嗎？您為什麼會這樣主張呢？

我的回答是：在組織內工作的人，固然知道自己在做些什麼，但是卻不知道如何才能做得更好。他們的盡心盡力與埋頭苦幹，只是將自己目前所陷人的坑洞，挖得更深而已。因為他們的盡心盡力與埋頭苦幹，並不能提供來自組織外界的觀點。

再次強調，系統並無法了解自己。正如同有人很懂得冰，而對於水，卻是所知有限的。

知識理論（注4）

管理就是預測。知識的理論有助於我們了解，任何形式的管理都是預測。連最簡單的計畫——今晚如何回家——都需要基於預測：汽車可以發動、上路，或者巴士或火車會正常行駛。

知識建立在理論之上。知識的理論告訴我們，某項陳述如果在傳達知識，那麼它雖與過去的觀察完全吻合，可是在預測未來結果時，還是會有錯誤的風險。

理性的預測有賴理論以及知識的建構：把實際觀察的情況與預測相比，藉以對理論做有系統的修正並擴充、延伸之。

有個故事說，農莊裏有一隻公雞叫「強啼克力爾」（Chanticleer，譯注：西方傳說雷那狐〔Reynard the Fox〕的要角；或是喬叟〔Chaucer〕《坎特伯里故事集‧修女的神甫的故事》〔*The Nun's Priest's Tale*〕），牠有一套太陽之所以東升的理論。每天一早，牠就使盡力氣高啼、振翅。如此，太陽就跟著升起來。前述的關聯很清楚：牠的啼聲讓太陽升起。牠的重要性，無可置疑。

有一次出了差錯。在某天早晨，牠忘記啼叫，而太陽依舊升起。這讓牠感到垂頭喪氣，知道自己的理論需要修正了。

人如果沒有理論，就沒有什麼需要修正，也就學不到新知識。

地球如果是平的，平面歐氏幾何就可以完全適用，其中每一條定理與推論，在本身系統內都正確無誤。

但是在我們的地球上，如果把視野擴及較大型的建築物以及延伸至城市外的道路，這個理論就失靈了。向北延展的平行線並不是等距離，而三角形的三內角和並不

是180度。平面幾何有必要做球面修正——結果發展出
一種新幾何。

擴大理論的應用範圍，會暴露出不足，而有必要加以修
訂或發展新的理論。我們再次看到，如果沒有理論，就沒有
什麼好修訂的。如果沒有理論，經驗就沒有意義。沒有理
論，就沒有疑問可提出。因此，沒有理論，就沒有學習。

理論是進入世界之窗。理論引領我們作出預測。沒有預
測，經驗與範例也不能教導我們什麼。隨便抄襲一個成功的
範例，而未經理論的協助來求深入了解，就有可能會造成重
大損失。

任何理性的計畫，無論多麼簡單，都包含對於狀況、行
為、人員績效、程序、設備，或原料的預測。

數據的應用需要預測。解釋某項測試或實驗的結果也是
預測——實際應用得自測試或實驗的結論或建議，會發生什
麼後果？這項預測，大部分必須倚賴對於該主題的專業知
識。只有當系統處於統計管制狀態之下，才能應用統計理論
來有效地預測未來的績效。

舉例來說，如果我對兩種方法做過測試，並得出如下
結論：繼續採用甲法，而不改用乙法，因為到目前為
止，並沒有證據顯示乙法在未來會一直表現較佳。

任何陳述，如果沒有包含理性的預測，就不能傳遞知識。

再多的實例，都無法確立某一理論，但是，只要出現一個失敗而該理論無法解釋它，那麼，該理論就需要修正或甚至完全放棄。

沒有真值（true value）。以測量或觀察所定義的任何特性、狀態或狀況（條件），並沒有所謂真值。只要改變（它採可運作的定義）測量或觀察的程序，就會產生新的數字。

小於100的質數數目有其值存在。我們只要一一寫下來，並且數一下——2, 3, 5, 7, 11——這是資訊，不是知識（見第154頁）。它並沒有預測什麼，任何人都會得到相同的數目。同樣的，讀者目前正在閱讀的這本書，這也是一個事實——資訊。

假設我們正在飯店的會議廳內舉行研討會，那麼所謂室內的人數，就沒有真值了。你要把哪些人算在內？原先在室內、現在在外面打電話或喝咖啡的人算不算？酒店的工作人員算不算？講台上的人算不算？掌管影音器材的人算不算？如果你改變計算的標準，就會得到不同的數字。

程序必須依目標而定。如果我們的職責是為中午留下來的人訂午餐，那麼就必須計算有幾個人要在這裏吃午

飯。

　　如果是要計算這個房間所容納人數的總重量（是否符合消防法規？）（譯注：此處請教美國朋友謝爾肯巴赫先生，他說美國確實有些地方有房內總重量的法規；張華先生進一步找到確切的建築法規，主要考量是逃生路徑的容納度要與室內人數成一定比例，例如幾條逃生梯、逃生路徑長度等），那麼我們必須把室內所有的人都算在內。

　　一船鐵砂中含鐵的總量，也沒有真值。為什麼？只要改變抽取鐵砂樣本的程序，就會得到不同的含鐵比率。而且重複任何一種程序，也會得到不同的數字。

　　你如何計算靠太平洋的聖地牙哥市（San Diego）的船舶上的人數呢？

　　在實證觀察中，沒有所謂「事實」。任何兩個人，對於任一事件中有哪些事項是重要的，都會有不同的看法。「去給我找出事實！Get the facts!」這個口號有意義嗎？

　　溝通與協調（如顧客與供應商之間、管理者與工會之間、國與國之間）都需要最佳化的可運作定義（operational definition）。所謂可運作定義，就是經過大家同意，如何將概念轉譯為某種可測量、決定的程序。

　　可運作定義的一個實例。田納西大學諾克斯維爾分校（University of Tennessee at Knoxville）統計學教授瑪麗‧萊

特納克爾（Mary Leitnaker）博士，在教到「可運作定義」時，採用一個簡單的練習。她到雜貨店買了半打動物形狀的餅乾，倒在教室的桌子上，然後要學生算一下有多少牛、馬和豬。其中一片牛形餅乾少了一條腿，她直接問學生：「這是條牛嗎？少了一隻腿。我們還應該把牠算為牛嗎？」無論答「是」或「否」，都算對，但是學生必須知道計算規則。計算牛數的規則改變了，就會得到不同的數目。

資訊並非知識。我們今天有能力與世界任何地方即時通訊，可惜速度並不足以幫助人們了解未來以及管理者的職責。我們許多人都在欺騙自己，認為需要隨時更新資訊，才能跟得上瞬息萬變的未來。但是就算你一秒不停地看電視，或讀遍每一份報紙，也不能感知未來一瞬間的變化。

換句話說，資訊，無論它多麼完整與快速，都算不得是知識。知識需要時間的累積。知識源自於理論；沒有理論，我們就沒有辦法利用即時的資訊。

字典含有資訊，但是沒有知識。字典很有用，我坐在書桌旁，經常會用到它，但是字典不能幫我寫出一段文章，也不能評論文章。

一些個別看起來並不起眼的隨機改變或隨機力量，如果持續應用，可能會帶來意料之外的結果與損失（參見第9章的漏斗實驗）。例如：

1. 由生產線的前一個工人來訓練下一個工人。
2. 公司的管理者、產業界或政府的委員會，竭盡心力制定政策，卻因沒有淵博知識的導引而誤入歧途。

　　一些重要的淵博知識道標。擴大委員會的規模，並不必然會改善結果，也不是得到淵博知識的可靠方式。

　　由此推論得到的結果非常可怕。沒錯，多數決的投票制度能抑制獨裁，但是它會提供正確的答案嗎？

　　另外一例：對教會來說，由主教院／團（House of Bishops）「民主議事」管理，會比由樞機主教（Archbishop）的獨斷管理方式，更好嗎？由歷史的記載，這一說法令我們嚴肅地存疑。

心理學（注5）

　　心理學有助於我們了解人、人與環境之間的互動、顧客與供應商的互動、教師與學生的互動、管理者與屬下及任何管理系統的互動。

　　人人都各不相同。身為人的管理者必須體察到這些差異，並且善用這些差異，讓每個人的能力與性向得到最佳的發揮。然而，這並非等於將人員排等級。如今產業界、教育界與政府的運作方式，卻是假設每個人都相似。

　　各人的學習方式不同，學習速度也不同。例如在學習技

術時，有些人採用讀的方式，有些人採用聽的方式，有些人採用看圖（靜止或動態的）的方式，還有些人則採用看別人怎麼做的方式。

有內在動機與外在動機，也有矯枉過正（over-justification）的現象。

人類與生俱來有與人交往的需要，有被愛與受尊重的需要。

學習是人類出生就有的自然傾向。學習是創新的源頭之一。人人有享受工作樂趣的權利。良好的管理，有助於培養和維護這些先天的正面特質。

家庭環境可能在幼年時期就戕害了兒童的尊嚴與自重，並進而損及他的內在動機（intrinsic motivation）。一些管理實務（例如排等級）會徹底摧毀人的內在動機。（第2章、第6章）。

外在動機（extrinsic motivation）有可能間接帶來正面的結果。例如，人們因工作而有金錢收入——這是一種外在獎勵。他準時上班，穿著整潔的服裝，並且發掘出自己的某些能力，所有這一切都有助於提升自尊。

某些外在動機有助於建立自尊。但是，如同第6章的圖10所示，完全順從外在動機，會導致個人的毀滅。為了爭取好等級，寧願壓抑學習的樂趣。在工作上，在目前的體制下，工作樂趣、創新，都比不上好的排名來得重要。外在動

機發展到極端，將會粉碎內在動機。

　　將個人、小組、事業部、地區排等級，等級高的，發給獎金，這樣將會打擊所有相關人員的士氣，包括受獎者在內。

　　我要在此重複1987年11月8日諾伯・凱勒（Norb Keller）在通用汽車公司（General Motors）所說的話：「如果從12月1日開始，通用汽車公司把每個人的薪水加倍，我相信其績效還是會與現在的一樣。」

　　他指的當然是高於維持生活水準所需的薪水，而且他所說的加薪，對象包括全體人員，並不是指特選的某群組。

　　事後，他的一些朋友告訴他，他們很願意加入這個薪水倍增的實驗，不過，他們同時坦承，薪水即使倍增了，並不會影響其績效。

　　無論是小孩或大人，如果必須一直關心自己的表現，以爭取好成績和獎狀等獎勵，就不能享受學習的樂趣。廢除成績制度，我們教育體制的改進會不可限量。如果必須與他人爭排名，沒有人能夠享受工作樂趣。

　　矯枉過正的獎勵現象。現行的獎勵制度其實是十分地矯枉過正。對於原本純粹是樂趣和自我滿足的行動或行為，發給金錢獎勵或獎品，就可視為矯枉過正。在這種情形下，金錢獎勵毫無意義，甚至令人有受挫之感。如果獎勵來自他並

不尊敬的人，更會使人感到羞恥。

為了說明矯枉過正的想法，我在這裏提出喬伊斯·奧爾西尼（Joyce Orsini）博士告訴我的一個例子：

> 有個小孩不知基於什麼原因，每天晚餐之後會自動洗碗盤。他的母親對這乖小孩感到很欣慰。某一天晚上，她為了表達感謝，遞給小孩一枚2角5分美金的硬幣。可是從此以後，小孩就不再洗過任何碗盤了。母親付錢給他，從而改變了彼此的關係，也傷害了他的自尊。他過去之所以洗碗盤，純粹只是想享受「為母親做點事」的樂趣。

進一步談獎賞（注6）。如果小孩在學業、音樂，以及運動方面表現良好，父母或師長就以諸如玩具和金錢做為獎賞，那麼他們會學到，績效良好時就會有獎賞。當他們長大成人，盼望有形獎勵的欲望支配了行動，使他們成為依賴外界提供的實物才會有動機，才感到舒服。他們往往會賣力工作去賺很多錢，然後到了中年，卻會感到工作並沒有意義。藉由外部因素來激發動機，賦予意義，終將會損及自尊，讓人感到無法掌握世界，覺得自己無能為力而心懷沮喪。

慈愛的母親、和藹的教師、耐心的教練，都會透過讚美、尊重與支持，來提升兒童的榮譽感與自尊心，進而強化它。當兒童熟練一項新活動，就會覺得自己很能幹，愈來愈

趨向內心自行產生動機，並且培養出自尊、自信以及能力。他們覺得所做的事情有意義，也會不斷求改善。

我的兒子塔德（Tad）從5歲到17歲，一直是游泳隊的隊員。小孩參加競賽時，每一隊員都可以得到一面獎牌。獎牌是由像老師這樣的大人物所頒發。他們都為了獎牌而興高采烈，家長們也都跟著高興。游泳隊員原先是為了外在獎勵而努力游得更好，但他們日漸長大時，獎牌慢慢失去了重要性。他們會發現改進績效的樂趣與意義。我的兒子知道他能游得多快，他甚至不再提起獎牌，而習於自動自發，培養了自律的精神。如果他不是在這項活動中發現了價值，那麼每天練習4小時，風雨無阻，實在會變成苦差事。有些家長以金錢或禮物去鼓勵子女游得更好，那麼這些孩童就不是為了游泳而游泳了。

身為管理者最重要的任務，是致力於了解每位屬下心目中最重要的事。每個人的想法都各不相同，也都有不同程度的內在動機與外在動機。這正是為何管理者要花時間去傾聽員工心聲，這一點是如此的重要。管理者應了解，員工所尋求的，究竟是公司的認可，或同事的，還是工作的成果能夠對外發表，還是採行彈性的工作時間，還是有時間到大學去進修？如此，管理者才能夠知道如何給員工正面的結果，甚至能引導某些人以內在動機來取代外在動機。

　　一些矯枉過正的例子。在底特律某家飯店，有位男士幫我把放在服務台邊的行李，送到我的房間，他可不是飯店的員工。那個箱子相當重，而且當時我又累又餓，急著想在11點餐廳打烊之前去吃點東西，我就拿出兩塊錢塞給他，謝謝他的協助，但他拒絕接受。我傷了他的心，竟嘗試以金錢來獎賞他。他只是想幫我的忙，而不是想賺我的錢。我卻想付錢給他，這使得我們之間的關係為之一變。雖然我是出於善意，但卻弄巧成拙。我發覺以後要小心些。

　　然而我又再次幹了傻事。有一次我搭乘全美航空公司（U.S. Air）的班機，抵達華盛頓國內機場時，有位職員一手幫我提起重重的行李，另一隻手扶著我，護送我出機場，司機正在外面等。我心存感激，匆匆地從口袋掏出五塊錢塞給她。「噢，不要。」我又做了一件錯事。我愣了一下，問她的姓名：「黛比。」之後，我寫信給航空公司的總裁，索取黛比的地址與電話號碼，好讓我有機會向她表達歉意。總裁回覆說，在華盛頓可有好幾位叫黛比的，他不能確定是哪一位協助過我。

　　我不清楚自己犯過多少次相同的錯誤。

　　以金錢的形式來報答他人，只是為了求自己的心安，但此一行為屬過猶不及，對於協助我們的人的士氣，卻是一種打擊。論功行賞與績效排序都會打擊士氣，也會製造衝突與不滿。如果公司實行這種錯誤做法，將會自食惡果。而且損

失的幅度還難以衡量。

給員工獎賞，最後只會激勵員工去為獎賞而工作。（注7）

真心感謝？當然。對某人表達感謝，可能遠比回報金錢更有意義。

有一次，我因腿部受到感染，一位免疫學者德（Dv）醫生曾為我注射疫苗。我要出院時，收到他送來的帳單。我隨著支票附上一封信，對於他精湛的醫術與悉心的照顧表示感謝之意。數週之後，有一天我無意間遇到他。他早就忘記支票的事，但是那一封信？他完全沒忘。他還隨時把信放在口袋內。他告訴我，那封信對他很有意義，因為讓他知道有人在乎他的關懷。

2年之後，我在華盛頓去拜訪希（Sh）醫生，他隨口告訴我：「我有一天遇到德醫師，他向我提起你。」

假如我在支票上多加5塊錢來表示感謝，那將會如何？那必定會傷害他的心，而又成為一個可怕的矯枉過正之實例。

我認為，在上例中，一種好的表達感謝之意的方式，就是捐一筆錢給醫院，讓德醫生能去治療那些無力負擔醫藥費的病患。

某次研討會的提問。如果管理者不以金錢來獎勵表現良好的員工，那麼他們將會跳槽到願意發獎金的公司。（有些

人就是為了高薪而換公司。）

　　我的回答：每個與我共事過的人，都有能力到其他公司賺更高的薪水。但是他們為什麼仍然留在這裏？因為他們喜歡在這裏工作，能有機會發揮，用自己的知識去讓整個系統受益，他們又能夠享受工作的樂趣。金錢，在超出某個水準之後，就會失去魅力。不過，金錢或許可以吸引那些自認為不如人的人。當然，對於那些表現良好的員工，上司應該拍拍他們的肩膀鼓勵，表示他的肯定。

　　許多人事管理者都知道，現行評量員工的方法，並不足以辨別在某過程中，某一位員工與其他員工的貢獻誰大誰小。但是，他們仍然認為（或希望），自己能夠設計出一種方法，能達成這種目的。

　　人們很容易受誤導而以為，發展出某個既精密又確切的排序方法，如此一定可區分出某些人特別優秀，其績效獨立於過程之外。為什麼人們會認為憑這種排序做法就有助於改善人員或過程呢？（通用汽車公司的諾伯・凱勒〔Norb Keller〕先生在1987年11月8日所提出。）

第4章注

注1：本章的文字，多半取自芭芭拉・勞頓（Barbara Lawton）博士的作品。圖9的「保齡球隊」、「交響樂團」的圖示，也是

她的點子。我還要深謝奈達・巴凱蒂斯（Nida Backaitis）博士
的協助。

注 2：此段採自湯馬斯・強生（H. Thomas Johnson），《攸關性
失而復得》或《豐田式生產管理下的成本管理（遠流出版公司
有中譯本）》（*Relevance Regained*, Free Press, 1992）。

注 3：彼得・杜拉克（Peter Drucker），《杜拉克：管理的使命》
（*Management Tasks, Responsibilities, Practices*, Harper & Row,
1973，中譯本天下雜誌出版）。

注 4：克拉倫斯・歐文・劉易斯（Clarence Irving Lewis），《心
靈與世界秩序》（*Mind and the World-Order*, Scribner's, 1929），
由紐約 Dover Press 重新發行。我建議讀者從第 6、7、8 章開始
閱讀。

注 5：有許多朋友幫助此節的寫作。我特別要感謝溫蒂・科爾
斯（Wendy Coles）博士和琳達・多爾蒂（Linda Doherty）博
士。

注 6：此部分由琳達・多爾蒂（Linda Doherty）博士提供。

注 7：1992 年 8 月 11 日，阿爾菲・科恩（Alfie Kohn）在辛辛那
提市的談話。

領導力

發現，是無法事先計畫的。

——歐文‧朗繆爾（Irving Langmuir, 1881~1957，譯注：美國化學家，以燈泡設計突破等聞名）

本章目的。了解淵博知識系統會促成管理的轉型。此一轉型會引領我們採取前面曾討論過的那種具有目的的系統。該系統中個別的組成部分，將致力於整體的最佳化，彼此相互支援而更為強而有力，而不是彼此競爭。政府與教育部門也需要這種轉型。

任何組織的轉型，都需要有人來領導才能落實。轉型不會自動發生。因此在這裏，我們有必要探討「領導」這個主題。

領導者是什麼？根據我採取的定義，領導者的職責是完成其組織的轉型。他必須具備知識、人格風範與說服力。（第6章）

領導者如何完成組織的轉型？第一，他有理論。他了解為何轉型會為其組織以及所有利害關係人帶來利益。第二，他覺得完成組織的轉型，這是對自己、也是對組織的義務。第三，他是個務實的人。他有計畫，它是一步接一步、按部就班的，而且也能用簡單的話語加以說明。

然而空有轉型的想法並不夠。他必須去說服並改變足夠

多的有權力者，以促其實現。他有說服力。他了解眾人。

各種大構想：大計畫。從我每週收到的來信看來，或許我可以說，有宏大想法的人，往往會遭受重大的挫折。某人來信提出一個大構想，大到連我也無法了解。他深感失望，因為老闆沒興趣聽他談大構想，甚至同事也提不起勁。這個了不起的構想，只能落得原地踏步，毫無進展。或許我應該建議他，在發表其構想時，應該描述其行動計畫，同時提出預估的結果。大構想要能為人所接受並付諸行動，有賴簡單扼要的說明。

領導者的範例。茲舉個實例，或許有助於說明我用「領導者」的意思。在歷史上多的是領導者，有些是對人有利的善人，有些則是惡人。我的故友莫里斯・漢森（Morris H. Hansen，1990年10月9日過世，享年79歲）是個偉大而良善的領導者，足為典範。（可參考《轉危為安》第7章，第236頁）

1929年美國股市大崩盤之後，全國陷入經濟大蕭條。在1930年代，失業非常嚴重，當時對「失業者」還沒有可運作的定義，在就業方面，只有一個通用的名詞是：「有工資者」（gainful worker）。

至於不屬於「有工資者」的人數，究竟有多少呢？每位專家各有不同的數字估計，而且差異很大，因而都不被當局

所採用。

國會對於這些離譜的估計值很不滿意,下令對非「有工資者」進行全面普查。

他們命令全國的郵務士,都必須負責向自己郵遞路線上的每個人蒐集其就業資訊。位於華府的郵政總局裏有完整的郵務士名冊,因此看起來應該是一件很簡單的工作。奉命執行這項任務的聯邦緊急救難署(The Federal Emergency Relief Administration),聘請約翰‧畢格斯(John B. Biggers)主持研究。因此,後來這項研究就被稱為「畢格斯研究」。由於它取得的資料量過於龐大,完全派不上用場,這是可想而知的。

另一方面,漢森當時只有24歲,他自1935年起在華盛頓的人口普查局(Bureau of the Census)任職,當統計員。他在大學選修過「統計理論」課程,具備一些「機率理論」以及「調查誤差」等方面的知識。他擬定一個計畫來特別處理這項研究,以隨機的方式,選取52條郵遞路線來調查。除了涵蓋的範圍完整,他也深入了解各相關問卷問題的回答的意義。

漢森後來根據抽樣出來的郵遞路線所作的研究結果,出版了一本薄薄的報告書。它為國會所接受。而畢格斯的普查研究,因為有太多未作答與錯誤回答,反被束之高閣。

我要說的是,漢森是一位真正的領導者:他的腦海中有

一些機率理論，同時也能基於務實的考量，設計郵遞路線的樣本，以取得必要的資訊。再者，他有能力將自己的計畫向別人說明，讓人了解。

　　他明白他無法以一己之力來完成這項計畫，所以他說服了許多有意願並能夠了解他的理論的人士，共同參與這項工作。以下是部分名單：

　　菲利普・豪瑟（Philip M. Hauser）博士

　　卡弗特・戴德里克（Calvert L. Dedrick）博士，人口普
　　　　查局統計長

　　傅雷德里克・斯蒂芬（Frederick F. Stephan），顧問

　　撒母耳・斯托弗（Samuel A. Stouffer）博士，威斯康辛
　　　　大學社會學教授，顧問

　　約翰・韋伯（John Webb），負責執行工作

　　附帶一提，漢森的郵務士樣本有可能並不符合國會的原來要求，因為當初國會曾指明，這次研究應該包括每一家庭，以求結果精確。

　　這項研究的另一個貢獻，是把「勞動力」、「失業」以及「部分就業」的概念，以及其可運作定義界定出來。（注1）

　　此後，美國政府不斷以統計方法進行調查工作。公共事業促進局（Works Progress Administration，譯注：這是美國羅斯福總統新政政策下新設的機關，後來改稱為 Work Projects

Administration，略稱為WPA）在J.S.斯托克（J. Stevens Stock）
與萊斯特・弗蘭克爾（Lester Frankel）的指導下，開始每季
（後來改為每月）調查失業的狀況；1940年以後，改由人口
普查局執行。之後還有每月和每季的生活費用的物價調查，
以及房屋開工率調查，都是以機率理論為調查設計的指導。

J. C.卡普特（J. C. Capt）於1940年出任人口普查局的局
長。他具有識人之能，重用具有領導能力的人士，像漢森、
當時已升任助理局長的豪瑟、以及擔任顧問的斯蒂芬和斯托
弗。卡普特先生有完全的決策自由，他告訴過我：「只有總
統才能阻止我。」

1940年的美國人口普查中，關於個人以及家庭資訊的蒐
集，主要是靠平均每20人抽1人，每20家抽1家。抽樣方式
提升了結果的精確度，也節省了許多製表的時間與經費。

不久之後，世界各國政府紛紛派員跟漢森學習，人口普
查局為此特別成立了一個部門，專門負責接待與提供指導，
由戴德里克負責。

漢森在威廉・赫維茨（William N. Hurwitz）的協助下，
知識與地位不斷提升。1945年升任人口普查局的助理局長，
專門負責人口普查局的統計標準。

在《轉危為安》第531頁（圖61）所示的虛線關係組織
圖，就是漢森當年為人口普查局所作的整體規劃模式，圖中
的虛線，代表了負責人口、農業、政府、生命、地理等不同

部門的統計工作人員與漢森（領導者）之間的關係。

第5章注

注1：謝謝菲利普‧豪瑟（Philip M. Hauser）協助我整理對此等
事情的記憶。

人的管理

不准你爭辯的老闆，就不值得你賣命。

——萊斯利‧西蒙（Leslie E. Simon）准將，於1936年擔任上尉時的談話

本章目的。 我們處在監獄裏，飽受目前風行的制度——人與人之間、團隊之間、事業部之間的互動方式之淫威。我們必須把目前的理論及實務都拋開，砍掉重練。我們必須揚棄「競爭是必要的生活方式」之想法。我們要用合作來代替競爭。本章的目的，是要檢驗採用本書所揭櫫的新理念去管理員工的種種做法。

現行獎勵制度之下的效應。 圖10顯示在現行獎勵制度之下所產生的某些破壞力及其效應。在每個人的一生中，這些破壞力會對自動自發的動機、自重與尊嚴有所損害。讓人心生恐懼、自衛心，而臣服於外在的動機。現行制度對於人們的摧殘，乃是一輩子的，由人們學習走路階段就開始，一直持續到大學、到就業，無所不害。我們必須設法保存天生的、發自內心的動機、尊嚴、合作、好奇心與學習的樂趣等等力量。本書所揭示的轉型，將有助於逐漸強化正面力量（圖10下半部），並讓上半部的破壞力量大為縮小。

政府、產業、教育界都需要轉型。 管理，是處在穩定的狀態之下。要脫離目前的狀態，必須要轉型，而不只是就現

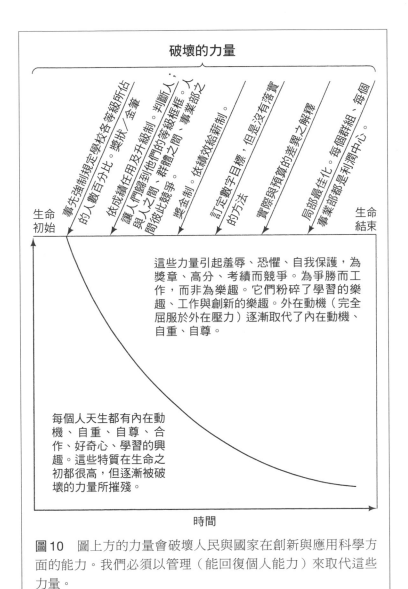

破壞的力量

事先強制規定學校各等級所佔
的人數百分比。獎狀／金筆

依成績任用及升級制。判斷人，
讓人們歸到他們的等級框框、
與人之間、群體之間、事業部之
間彼此競爭。

獎金制。依績效給薪制。

訂定數字目標，但是沒有落實
的方法

實際與預算的差異之解釋

局部最佳化。每個群組、每個
事業部都是利潤中心。

生命初始

生命結束

這些力量引起羞辱、恐懼、自我保護，為
獎章、高分、考績而競爭。為爭勝而工
作，而非為樂趣。它們粉碎了學習的樂
趣、工作與創新的樂趣。外在動機（完全
屈服於外在壓力）逐漸取代了內在動機、
自重、自尊。

每個人天生都有內在動
機、自重、自尊、合
作、好奇心、學習的興
趣。這些特質在生命之
初都很高，但逐漸被破
壞的力量所摧殘。

時間

圖10　圖上方的力量會破壞人民與國家在創新與應用科學方
面的能力。我們必須以管理（能回復個人能力）來取代這些
力量。

行管理方式做些修修補補的工作。當然，我們碰到問題時，要加以解決，並除去病根（消滅問題之火），但是，這些行動不應該改變轉型的進程。

轉型之後，會引領我們採用嶄新的獎勵方法。我們必須重建個人，也要重建個人與外界的複雜互動。經由這種轉型，從人們自動自發的內在動機之中，將會釋放出人力資源之力量。大家不再競爭，不再爭高排名、爭高分數，搶著當第一名，取而代之的是：人與人之間、部門之間、公司之間、競爭對手之間、政府之間、國家之間彼此合作，協力解決利害與共的問題。結果，將會帶來應用科學與科技上更多的創新、市場更為擴大、服務更好、帶給每個人更多的物質報酬。大家將會樂在工作，樂在學習。而能夠與樂在工作的人一起工作，無寧是一種享受。人人皆贏，沒有輸家。

政府的職能，應該是與企業界共同工作，而不是去妨礙企業界。

轉型的效果之圖示。 圖11顯示歸屬於現行管理方式所導致的衰退，以及轉型一旦完成之後，我們所能實現的夢想。轉型之道，在於了解並運用淵博知識。

管理者僅僅擅長於現行的管理方式，仍然是不夠的。猶如你很清楚冰的一切相關知識，但是對於水，卻仍然會一無所知。（由愛德華‧貝克〔Edward M. Baker〕博士所貢獻。）

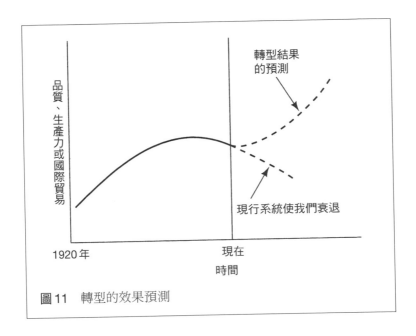

圖11 轉型的效果預測

「**無法相容的希望**」例子。某家公司列出如下的希望：

標的與目標（GOALS AND OBJECTIVES）：

1. 建立獎勵制度來表揚：卓越的績效、創新、超乎常人的關懷與投入。

2. 創造並維持可激勵人心及令人愉悦的工作環境，以吸引自動自發、有才能的人，並栽培之，挽留之。

評論：事實上，上述兩大標的彼此互不相容。第一個將會導致員工之間相衝突與競爭，從而一定會造成士氣低落。

它將剝奪人們的工作樂趣,這樣一來,第二個標的就算多麼崇高,也是不可能達成的。

人的管理。我們不要去評量員工,將其排等級,或硬把他們塞進某分類(從傑出、卓越、一直排到不理想)。我們的目的應該是協助員工將系統達到最佳化,讓人人受益。

人員管理者的新角色
這是在轉型之後,人員管理者的新角色

1. 管理者充分了解整體系統的意義,並傳達給員工知道。他要說明系統的目的。他要教導員工了解群組是如何共同支援這些目的。

2. 協助員工將自己視為整體系統的一部分,要與前一階段以及後一階段者分工合作,以促使所有階段達成最佳化,完成整體系統之目的。

3. 人員管理者深知:人人都各不相同。他會設法引發每位員工的興趣與企圖心,以及從工作中得到快樂。他會設法讓每個人不同的家庭背景、教育程度、技術、期望以及能力,達成最佳效果。

這種做法並非將人員排等級,反而是承認人與人之間的差異性,並且設法讓人人適得其所,得以發展,能全力發揮。

4. 管理者必須是個永續的學習者。他鼓勵工作夥伴去進修。在可行的情況下，他會盡可能安排提升學習的研討會與課程。對於有意願繼續到大學求學的員工，他會大加鼓勵。

5. 他是位教練與顧問，而不是法官。

6. 他了解什麼是穩定的系統。他了解各種互動：人與人之間的，以及他們與工作環境的。他了解任何人去學習一項技能時，績效最後都會到達某種穩定的狀況——此後即使安排再多的課程，也不會帶來績效上的改善。因此人員管理者要知道，在這種穩定的狀況下，告知員工所犯的錯誤，只會徒增其困惑而已。

7. 他有三種權力的來源：

1）職位上的權勢／權力

2）知識

3）人格和說服力；處理人際問題及複雜議題的能力和
　　敏感度（tact）。

成功的人員管理者會培養上述第2項與第3項能力，而不倚賴第1項權力。但是他有責任利用第1項權力來改變流程——設備、原料、方法——以促成進步，例如降低產出的變異等。（羅伯特·克萊坎普博士〔Dr. Robert Klekamp〕提供。）

居上位的人，如果欠缺知識或人格（第2項與第3項能

力），就只好倚賴職位上的權勢。在他的潛意識中，為了掩飾自己能力上的不足，會讓每個人都清楚是他大權在握。他的任何心願，別人都必須落實。

8. 他會研究結果，以求改進自己身為人員管理者的績效。

9. 他會找出是否有人落在系統（分布）之外——他們需要特殊的幫助。只要有個別員工的產出或失誤的數據，經過簡單的計算，就可以做到這一點。所謂特殊的幫助，或許只是重新安排工作，也可能是更複雜的狀況。需要特殊幫助的員工，並不是因為他們落在分布曲線中最差的5%內，而是他們根本就在分布曲線之外（圖12）。

10. 他創造信任感。他營造出鼓勵自由與創新的環境。

11. 他不期望完美。

12. 他傾聽並學習，同時不對發言者下評斷。

13. 他與員工每年至少有一次非正式而從容的會談，這並不是要評分，而是傾聽員工的心聲。目的是要進一步了解員工，他們的目標、希望以及恐懼。與員工的會談是自然進行，並不是事先經過刻意安排的。

14. 他了解合作的優點，以及人與人之間或團體之間因競爭所產生的損失（注1）。

我另外還有許多建議，請參閱《轉危為安》第3章，第134至135頁。

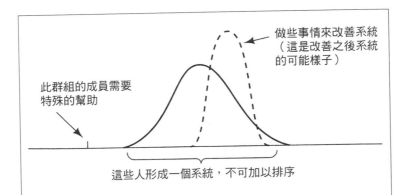

圖12　關於人員的產出或失誤，如果有數值就可以點繪出其
分布。研究這些數值就可以了解系統，以及（如果有）系統
之外的極端值。

　　一個實例。有一次，我到位於紐約州奧本尼（Albany）
市的納舒厄膠帶公司（Nashua Tape Company，譯注：在《轉
危為安》中都稱為納舒厄公司），看到會議室內有好幾個人在開
會，大家憂心忡忡。問題是什麼呢？原來，有一卷紙（重達
一噸）在生產線的尾端準備裁切成小單位時被拒收，損失慘
重。這些人正在檢討製程，試圖找出改進之道，以免同樣的
問題再度發生。

　　數年前，該公司發生過類似的重大缺陷狀況，不過當時
的處理問題的程序與現在的很不同。當時領班把箭頭指向某

個倒楣鬼,懲罰包括(1)責備與貶斥;(2)不准加班;
(3)降職。

這兩種處置重大問題的方式,差異十分顯著。在這兩次
事件之間,究竟發生了什麼事,才造成如此的差異呢?答案
是新的管理者鮑勃‧蓋格(Bob Geiger),以及他所帶來的
人事管理作風的改變。在我與他第一次會面的談話中,他就
談到不贊成上司付給他紅利。「如果他們要以付紅利來確保
我會認真做自己的份內工作,那麼我一開始就不應該接受這
個職位。」

榮譽制,划得來的。某公司管理者對於近親喪假的規定
頗為嚴格,給假3天去處理家務事。對於近親的界定很謹
慎、明白。員工甚至可能必須附上死亡證明書,而且週末、
週日和例假日等,都算在3天喪假之內。結果,每一位有喪
事的員工,都會請足3天喪假。

後來,做法改變了,凡是要請喪假的員工,可以先與他
的上司商量、安排。結果,員工實際請喪假的平均天數,只
有原來的一半。

公司對人的錯誤管理,是否阻礙了公司本身?假設 A,
B, C……代表公司內每一位員工個別的能力。公司由員工所
得到的效益,究竟是多少?公司員工一起工作時,彼此會有
互動,因此其整體能力可以表示如下:

$$個別 \quad A+B+C+D+\cdots$$

$$互動 \begin{cases} +（AB）+（AC）+（AD）+\cdots \\ \qquad\qquad +（BC）+（BD）+\cdots \\ \qquad\qquad\qquad\qquad +（CD）+\cdots \\ +（ABC）+（ABD）+（BCD）+\cdots \\ +（ABCD）+\cdots \end{cases}$$

第一式是公司內員工個別能力的總和。而後面各式中的括弧，代表員工之間的（有利或不利）互動，包括2人之間、3人之間、4人之間等等。他們可能互相協助，也可能彼此妨礙，因此互動所產生的效果可能是：

- 負值
- 零
- 正值

為什麼公司整體的才能，有可能低於個別員工才能的總和$A+B+C+D+\cdots$呢？

一個可能的答案是，管理者未能依個別員工的多元能力、才能、家庭背景、經驗及期望，而充分善用每個人的能力，結果使得$A+B+C+D+\cdots$中個別員工的總貢獻被打了折扣。

另一項理由是互動為負值，抵消了個別員工的能力總

和。為什麼公司會導致互動為負值，而對自己不利？這是怎麼造成的？原因或許是考績制度，或許是由於將員工及銷售人員排等級，以及鼓勵人與人之間、團隊之間、部門之間、事業部之間的競賽評量。簡言之，就是競爭。

管理者的主要職責之一，就是了解互動的存在，追查其由來，然後將負值或零的互動，轉變成正值的互動。

管理者必須追問，為什麼有些離職的員工到新公司去上班，對新公司的貢獻，遠超過在原公司呢？

原因在於我們對於人的管理是否適當。有的管理者因為管理不當，無法讓所屬的所有員工形成一個整體系統來發揮組織的乘數作用。（本段取自路易斯・拉塔伊夫〔Louis Lataif〕先生親口向我解釋的一席話，他當時服務於福特汽車公司，現在是波士頓大學商學院的院長。）

一輛汽車的整體表現，是否如同它個別零組件的表現一樣好？

PDSA 循環（注2）。PDSA 循環（圖13）是流程圖，可用於學習以及改進產品或過程。

步驟一：計畫（PLAN）。某人有個改進產品或過程的構想。這是第「零」階段，包含在步驟一裏。從這個構想開始，發展出如何測試、比較、或實驗的計畫。步驟一是整個循環的基礎。如果倉促開始，會導致效率低落、費用偏高、

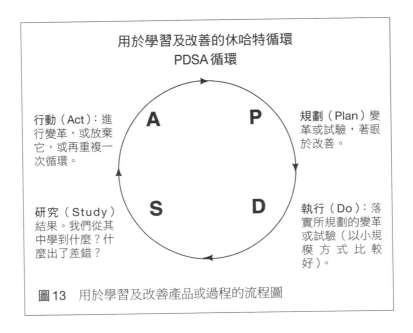

用於學習及改善的休哈特循環
PDSA 循環

行動（Act）：進行變革，或放棄它，或再重複一次循環。

規劃（Plan）變革或試驗，著眼於改善。

研究（Study）結果。我們從其中學到什麼？什麼出了差錯？

執行（Do）：落實所規劃的變革或試驗（以小規模方式比較好）。

圖13　用於學習及改善產品或過程的流程圖

以及令人飽受挫折感。人們往往急於結束這個步驟，迫不及待地開始有所行動，積極忙碌地進入第二步驟。

　　計畫階段開始時，可能要在數個建議案中做選擇。我們應該選擇哪一個來試驗？結果可能會如何？比較一下各項選擇的可能結果。在各個建議案中，如果以取得新知識或利潤而言，哪一個會最有希望？問題可能在於如何達成一個可行的標的。

　　步驟二：執行（DO）。依據步驟一所決定的構想／布局，最好是採取小規模方式去進行測試、比較、實驗。

步驟三：研究（STUDY）。執行結果是否與期望和預期相符？如果不是，問題在哪兒？也許我們在一開始時就錯了，這時應該從頭開始。

步驟四：行動（ACT）。進行變革。

或是：放棄。

或是：重複這個循環，可能在不同的環境條件、不同的原料、不同的人員、不同的規則之下。

大家必須注意，無論進行改變或放棄，都需要預測。

以新引擎的開發計畫為例。假設工程師正在為新引擎擬定計畫。他們已完成開發過程的絕大部分，但還沒有將各細項排定順序。其中一項，是訓練一百位技術工人從事機械、檢驗以及裝配。圖14的流程圖顯示這些細項的順序以及彼此之間的關係。根據其中最後階段的結果，工程師們可能要回頭重新進行實際繪圖的階段。透過流程圖，每個人都能了解各階段之間的關係。

縮短開發期間。很多人都會談到加速新產品開發這一議題。他們會提到它的原因，通常是想趁顧客的偏好仍未變時，盡快把產品送到他們手中。這種努力很可貴，但是出發點卻是錯的。因為顧客今天說偏好某樣東西，明天也許會買別的東西。因此，不論是縮短新產品的開發時間，或是針對

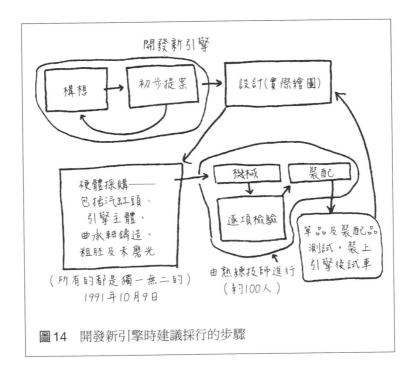

圖14　開發新引擎時建議採行的步驟

現有產品找到更便宜、更快速的新生產方法,主要的價值是在於能降低成本。

　　為求縮短開發新產品的時間,一般的做法是倉促地完成開發作業,結果卻常發現,個別部分無法組合起來,或是突然有更新更優秀的設計點子出現。於是一切必須再回到開發的原點(步驟一),重新開始。結果是:浪費時間、成本提高、最終產品也不如預期。

　　另一種情況是,因為想進入某產品或服務的既有市場,

因此要加快針對製程的開發。在製程的開發上加快腳步,有助於在最易賺錢的時候掌握先機。這種方式,比開發新產品或服務更有利可圖。例如錄影機、傳真機、雷射唱盤等,前兩者為美國人所發明,後者是荷蘭人所發明,但是這三者的大量生產,最後都落入日本廠商之手。

這個案例的教訓非常明確。誰有能力用較低成本做出(標準)產品,就能從發明者手中搶走市場。美國在1960年代行得通的途徑——開發新產品——如今已經不再可行(注3)。

縮短開發時間的祕訣,在於在最初的階段多下一點工夫,同時要研究各階段間的相互影響。在愈早階段的努力,其獲利會比其後階段的努力的獲利更大。

我們在此假設,每一階段與下一階段的成本呈等比遞減。具體地說,某階段的成本是其前階段的 $1-x$ 倍。如果 K 是開始階段(第0階段,是概念與提案階段)的成本,那麼第 n 階段的成本為

$$K_n = K(1-x)^n \tag{1}$$

從開始到第 n 階段的總成本為

$$T_n = K[1 + (1-x) + (1-x)^2 + (1-x)^3 + \cdots + (1-x)^n] \tag{2}$$

我們知道方括號內的數序,只是 $1/x$ 的($1-x$)次方之展開。如果將 x 寫成 $x = 1 - (1-x)$,就更容易看出其關係。

如果 $0 < x \leq 1$，該數序會收斂，這滿足我們先前的要求。進一步說

$$T_n = K \left\{ [1 + (1-x) + (1-x)^2 + (1-x)^3 + \cdots \text{無限}] \right.$$
$$\left. - \frac{(1-x)^{n+1}}{x} \right\}$$
$$= \frac{K}{x} [1 - (1-x)^{n+1}] \tag{3}$$

舉個實際數字來說明，這可不是建議。我們假設 $x=0.2$，那麼從第0階段之後到第8階段的總成本是：

$$T_8 = \frac{K}{0.2} [1 - (1-0.2)^9]$$
$$= 5K [1 - 0.1342]$$
$$= 4.33K \tag{4}$$

所有9個階段（含第0階段）的平均成本，是第0階段成本的0.481倍（$4.33K \div 9$）。

而第8階段的成本則為 $K(1-0.2)^8 = 0.168K$，約只有第0階段的1/6。

第0階段是整個計畫的基礎。因此，在第0階段要積極提出構想和腦力激盪，以免在後面階段還得再度回去重做，或者必須改變原來方向。在愈後面的階段改變方向，成本將隨階段遞增。

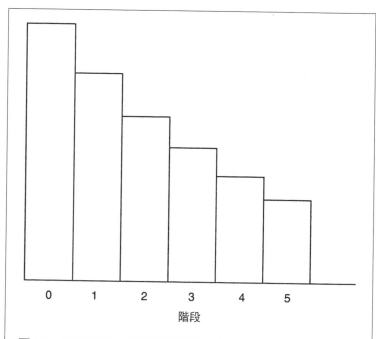

圖15　圖示某產品或製程的開發過程中，各階段的成本和努力逐漸遞減，在第0階段時，點子、概念、想像最高。此圖各階段以等比級數表示，每階段的成本只是其前一階段成本的（1−x）倍。

　　回頭重來的狀況，雖然無法完全消除，但是如果按照這裏建議的方式進行，必將可以減少重來的狀況，更有效率，整個開發過程會更為快速，總成本也會下降。

　　專案管理者的職責是管理所有的「介面」，他應該將系統視為整體組織來管理，而不是只求單一階段的最佳化。

　　每一階段可以各有一位領導人，但是每位參與專案的成員，可以在所有階段都參與工作。行銷人員很可能是團隊的一員，尤其是在第0階段特別重要。

　　供應商與工具製作者必須在第0階段就選定，同時納入團隊，成為其一員。當產品開發至最後階段，他們應該已準備好必要的物料以及工具。他們在每一階段，包括在第0階段，都應該有所貢獻。

　　負責整輛車的管理者，也必須是引擎開發小組的成員。

　　最高管理者必須嚴禁任何高階管理者或其他任何階層的人員，在開發即將大功告成的階段，才提出什麼高明的想法。高明的想法應該早在第0階段就提出，而不是等到最後階段。

　　產品開發系統必須加以管理，它無法自己管理自己。

　　例子。據我所知，福特汽車公司在印尼雅加達製造傳動系統的管理者，在最初階段，增加了心力與成本，目的是改進鑄造的劃一性，以利後續的製造過程。結果這種「慎於始」的做法，使傳動系統的成本減半，最終成品的品質也大幅改善。

　　對於現行開發的會計實務的評論。與新產品或過程相關的資本設備成本，在各階段，也是呈現幾何遞減（1-x）的情況，然而在傳統會計實務上，卻會將費用在未來認列。

現行會計實務強化了一個錯誤的觀念，即開發期間所做的決策，與未來的成本是相獨立的。但我們要記住，未來的成本包括資本支出加上維修、操作，以及顧客所承受的損失等等，這些支出的高低，都與早期的決策息息相關。

分攤責任的危險（注4）。我在某位客戶處工作。我的顧問作息時間為，早餐時就開始工作；然後在甲單位開會1小時，乙單位花半小時，丙單位開會2小時等等，直到晚餐時刻。有兩位出納人員前來求助，他們任職的事業部有900位員工。我問他們到底有什麼問題？答覆是：「我們本來預定每週四下班前，把每位員工的上週工資支票發出去。為了達成這項目標，我們每天晚上加班，甚至星期天都在工作。但我們發現，工作愈努力，卻愈趕不上進度。」我問：「你們都做些什麼？」他們回答：「這些出勤卡很多資料不一致，很多明顯有錯，還有些空格沒填。」我說：「讓我看一下。」（圖16）

讀者很快就可以察覺問題的源頭：卡上有兩個簽名欄。工人在卡上簽名之後，再留待領班改正錯誤；領班簽名時，卻假設工人最知道自己的情形。結果是缺漏、不一致，以及填錯格的情況，層出不窮。

解決之道：將下週待用的900張卡片上的領班簽名欄刪除；再下一週待用的900張卡片也作同樣的處理。之後，沒有領班簽名欄的新卡應該可以印好了。此外，如果工人沒有正確填表——當然得先確定他有填表的能力——就將卡片退

日期 ＿＿＿＿＿＿＿＿＿＿＿　＿＿＿＿＿＿＿＿＿＿＿　＿＿＿＿＿＿＿＿＿＿＿

　　　　　　　　日　　　　　　　　　　月　　　　　　　　　　年

＿＿＿＿＿＿＿＿＿＿＿＿＿＿＿　＿＿＿＿＿＿＿＿＿＿＿＿＿＿＿＿＿＿＿＿＿

　　　員工編號　　　　　　　　　　　　　　　簽名

時間		工時數	工作代號	付款代號	所得金額
入廠	出廠				
		本日所得			

＿＿＿＿＿＿＿＿＿＿＿＿＿＿＿＿＿＿＿

　　　　　　　　　　　　　　　領班簽名

圖16　出勤卡。需要太多人簽名；員工需要做太多計算。

回。你也不必在卡片上註明他的薪資會延後發放，他自然會知道。這個問題會在3週內消失。

3週？問題經過1週就解決了。到底發生了什麼事？星期一中午，900位員工中的十多人的卡片被退回。到了星期二中午，又有25人的卡片被退回。在星期二中午，所有900人都知道，如果出勤卡填寫不正確，卡片會被退回，工資可能會晚發。就這樣，問題在1週內消失了。

祕訣何在？很簡單。如果工人有能力正確地填表，就應該要求他們自己填。切忌將他的責任分給領班共同承擔。責任一旦分散，就會落入無人負責的困境。

共同責任。共同責任與分擔責任完全不同。在許多活動中，都會出現多人共同負擔責任的狀況。教師與學生之間的關係，就是一例。學生在教師指導之下學習，需要雙方共同的努力；任何一個在組織之內工作的人，都應該和供應商與顧客共同工作；兩個人在票據上簽名，就必須共同為付款負責；婚姻也會創造共同的責任；一個委員會中的成員，與其他成員有共同責任，每位成員都應該為委員會的決議負責。

升遷。人事管理中還有一項重要的課題，就是升遷。升遷是遷移到一個新的職位，我們無法很有把握地預測，被挑選升遷的人是否能勝任新的職位。

決定升遷的方式，最常見的就是透過推薦。某人會被升

遷的機會，取決於誰知道他——或者換句話說，誰知道你。

推薦某人升遷是以自己的信譽作擔保。他有充分的理由相信，被推薦者在新職位上會表現良好。這種信心的產生，並非一朝一夕的事，而是來自長期——時間可能會長達15年之久——對於被推薦者的績效有深入了解。

至於一個人在目前職位上的表現，即使我們能加以評估，也無法做為預測其在新職位上的表現的基礎。

商學院應該教些什麼？大學商學院的課程，所教的都是目前企業運作的方式。這種教學延續了現行管理方式，也就延續了我們的衰退。

商學院有責任協助學生準備去領導企業轉型，讓企業振衰起敝。他們應該教的，是轉型所需的系統理論以及淵博知識系統。他們應該提醒學生，由下列因素所造成的損失是無法衡量的：

短期思考的弊病。

將人員、團隊、工廠、部門排等級，獎勵排名最前者，
　　處罰殿後者。

依成績任用及升級制的害處。

源自「單依結果來管理」以及干預的損失。

獎金制度與按績效核薪對士氣的打擊與造成的損失（理
　　由很簡單，績效是無法衡量的）

淵博知識系統告訴我們，為何上述做法會導致損失與傷害。

商學院的學生當然也應該學習經濟學、統計理論、幾種語文（至少兩年）、一些科學（至少兩年）。

紐約大學的史登商學院（Stern School of Business of New York University）以及哥倫比亞大學（Columbia University）的企管研究所為了找出該教給學生什麼，在學期將結束的時候調查學生的意見，提出如下問題：

1. 你認為哪些教科書與著作
   a. 對你個人而言最有價值？
   b. 對你個人而言最無價值？
2. 哪些主題很重要，明年應增加授課時間？
3. 哪些主題明年應減少授課時間？
4. 還有哪些主題應該加進來？

學生哪裏會知道學校應該教些什麼？或許再等個10到15年，他們才會有些值得一聽的想法！

美國教育簡論。美國目前雖然對於教育相當關心，然而除非我們的學校能做到如下改變，否則不會有顯著的改善：

- 從幼稚園到大學都廢除評分（分ABCD等）制度。因為在評分制度下，學生把注意力放在分數，而不是學

習上。學生合作進行專題報告，可能被誤解為作弊（參考威廉·謝爾肯巴赫〔William W. Scherkenbach〕所著《戴明修練I：品質與生產力突破；落實戴明理念的指示圖與路障》〔*The Deming Route*〕，第128頁）。評分制的最大害處，是強制排名次，例如只有20%的學生可以得到A等。這真是荒唐，事實上好學生多的是。

- 廢除對教師的考績排名和賞罰。
- 廢除依據成績來評比學校優劣。
- 廢除發給運動員或最佳服飾者的金星獎章。

說真的，隨著量產轉向自動化以及外移至他國，我們的未來在於：有能力提供特殊的產品與服務。因此，改進國家的教育比過去所想像的更為重要。今後，我們必須倚賴的，是提供的服務能賺錢，機器與設備的附加價值高、利潤高。

我們的學校必須保存與培養每個人與生俱來的，對於學習的渴望。（參考第174頁）

學習的快樂，並不是來自學了些什麼，而是在於學習本身。

工作上的快樂，主要並非源自結果、產品，而是源自我們對系統或組織最佳化的貢獻，使人人都成為贏家。

反對學校的分數等級制。分數，只不過是某個人（例如

教師）以武斷的尺度，來評量學生的成就。那種尺度有意義嗎？我們能預測在此尺度上有高成就的學生，未來進入企業、政府、教育界、或成為教師時，他的成就如何嗎？可能有其他的尺度是更好的預測指標。一些成績低的學生，未來的表現或許會比成績高的要好。

然而，我們還在用學生的成績來預測他未來表現的好壞。分數或級等成為永遠的標籤。分數為某些人開啟了一扇門，卻對另一些人關上門。教師怎麼可能知道學生未來的表現如何？如果某位學生似乎跟不上班上其他同學，有可能是由於教學上的缺失，而且在一些未測驗的項目上，這位學生或許優於其他人。

學生如何才能得高分？就是將教師教過的東西，再原封不動地全盤吐出。（愛德華‧羅斯曼〔Edward Rothman〕博士1990年提供）

學校評分制，正如同企業界想採用檢驗的方式來提升品質。（威廉‧拉茲科〔William J. Latzko〕提供）

評分／評級的害處，會因強制排名制（僅有某一比例的學生可以得A等）而更擴大。（參考下節）

由於評等制有上述荒謬誤導，我絕對不給學生評等，在我的班上，每個人都及格。我閱讀學生交給我的作業，並不是要評等，而是要：

- 了解我身為一個教師的表現。在哪些方面我做得不夠好？我應如何改進自己的教學？
- 發現哪位學生需要特別的協助，並且確保給予協助。
- 發現哪些學生表現特別好，從而可以指定更多學習而使其受益。我碰過一位這樣的學生，我建議她學習極值理論（the theory of extreme values，譯注：處理與機率分布的中值相離極大的情況的理論，常用來分析機率罕見的情況，如百年一遇的地震、洪水等，在風險管理和可靠性研究中時常用到──維基百科網頁），結果她對該主題深感興趣。我也是如此。

我的學生永遠有充分的時間：不必急著交出作業。有些最優秀的作業，晚了一年才交給我；學生所得到的評分都是 P，代表及格（Pass）。

排名和分等級制會製造假性稀缺（注5）。如果兩人打網球，有人會輸，另一人會贏。橋牌、游泳比賽、跳高、賽馬，也都是如此。人類以遊戲、競賽為樂，由來已久，古希臘人有奧林匹克運動會，今天我們還在舉行。據我所知，運動競賽不會有害處，在運動會中獲勝，也不會帶來罪惡感。

運動會的優勝者有限，冠軍只有一個。不知為什麼，我們竟然將運動競賽的模式轉化，在小學至大學實施評分制度，頒發獎章給校隊選手，同時在公司內採行考績制度，把

團隊以及部門排起等級來。但所有這些做法,都是誘發人與人之間相互競爭。

評分與排名會導致高分數的「假性稀缺」(artificial scarcity)現象,因為只有少數學生可以得高分,只有少數員工能拿到最佳考績。這是不對的。好學生和好員工並不缺乏,為什麼不能全班都得最高分,沒有人墊底,也沒有人拿較低的分數?此外,分數和考試的結果,往往只不過是教師的主觀看法而已。

評分與排名制到底有什麼影響呢?答案是,對於那些不是名列前茅的人,這會是一種羞辱,士氣大受打擊。即使是那些得到高分或排名在前的人,也會覺得贏得不光榮。

下面的「各級等應該出現的百分比」實例稱得上可怕。這是由某個統計系所建議的(1991年10月):

級等	百分比
A	20
B	30
C	30
D	20
合計	100

其實對這方面的問題,統計學的老師,尤其是商學院,

應該了解得更清楚才對。他們應該教導大家，為什麼強制排序制是不對的。

教育界需要培養系統理論與雙贏（win, win）的觀念。我們的子女去上學，學習了歷史，也學了一些英語的知識。但他們沒有學習到：man 這個字，有兩個意義，一個是指男性，而另一個意義是中性的，用於 chairman、spokesman，以及 tradesman、salesman 等字中。他們學的地理，充斥著各國的首府名稱。如果地理學能綜合經濟學、歷史、社會學、考古學等教材，不但會生動有趣，而且可以傳遞知識（而不僅是資訊）。學生會了解，美國明尼蘇達州的明尼亞波利斯市（Minneapolis，字義是「水的城市」〔City of Waters〕），原是美國內河航行的源頭。而且許多城市之所以位於目前位置，都其來有自，各有道理，不是偶然的巧合。

學校也並未教導學生，在追求雙贏的系統中，公民負有怎樣的責任。相反的，學校給學生的觀念是，處處有競爭，必定有贏家和輸家，而我們必須力爭成為贏家。這些觀念，鼓勵我們投票給承諾為家鄉做最多事的候選人，卻不了解：如此一來，會強行分出輸家與贏家，結果是人人皆輸。

評等、獎狀、獎賞等的效應之實例。它們的負面影響比比皆是，以下是一些實例：

1. 一位參加過四日研討會的女士來函：

　　您談到以評分與培養競爭的方式，來教導子女所產生的害處。這讓我想起兒子在小學1年級發生的事，他如今已經是佛羅里達州立大學的大一學生。當時他就讀於紐奧良的某私立小學，學校有年度科學展覽會，規定6年級以上的學生必須提出專案，較低年級的學生則可以自由參加。我的兒子雖然才1年級，也提出了專案，而且全部由他自己規劃與製作。在舉辦展覽會的當天早上，他把作品帶到學校。他對自己的成果引以為榮，也很興奮自己的作品能參展。當晚，我們去參觀的時候，有些作品上面有得獎的彩帶，而他的卻沒有，代表他的作品輸了。此後直到6年級，他再也沒參加展覽。

2. 我的兩位學生合寫了一封信給我：

　　阿爾菲・科恩（Alfie Kohn）在《廢止競賽：競爭之弊》（*No Contest: The Case Against Competition*）一書中，向「競爭是有必要、具生產性、有效益的」說法，提出挑戰。他反駁下列4項常見的有關競爭之迷思：

- 競爭是人類本性的一部分
- 競爭比合作更能促進成功
- 競爭比較有樂趣

- 競爭建立個性

他接下來提出：這4項迷思的反面才是正確的。

上體育課的目的，應該是提升每位學生的體能。然而，典型的體育課卻是在競賽，使沒有運動天分的學生無法從中受益。例如在打壘球時，技術差的學童被安排在右外野，因為很少有球會被打到那個方向；在玩籃球時，她就會一直坐冷板凳，直到球隊贏定了，才有可能被派上場。因此孩子一旦從小被貼上不擅體育的標籤，就很少有機會能從體育課中受益。

即使在組隊對抗的方式上，也涉及競賽以及贏家與輸家。首先，由體育老師選出隊長，然後由隊長選隊員。隊長會先選一批最佳的隊員，再與這些隊員商量，挑選第二級的隊員。那些最後才被選上的人，必須忍受遭到同儕視為低能的屈辱。

在教室裏，有些人有機會神氣活現，但是有些人則沒有。學生很早就被貼上了贏家與輸家的標籤，使天生的學習動機以及學習樂趣，飽受打擊。班上的「冷板凳族」，往往不敢舉手回答老師的問題，生怕答錯被同學譏笑。過於強調正確答案，會打擊學生嘗試的意願，也傳達了不正確的資訊，因為在實際生活中，很少有黑白分明的事。

傳統上誤認為，競爭能帶來某些正面的特質，其實如果改為合作方式，結果還會更好。合作可以磨鍊性格，也是人類的本性，並且讓學習更富樂趣、更有收穫。

我們在這所學校（紐約大學）商學院經歷的一些最棒與最爛的經驗，都與分組計畫有關。在最好的小組裏，成員彼此合作，分享愉快的經驗，得出良好的成果，也留下持久的友誼。至於無效率的小組，則是內部彼此競爭。

本校絕大部分的課程都很注重分數，而使得學習的樂趣蕩然無存。您的課允許我們在沒有競爭的氣氛下，提出問題和探索有創意的想法及理論，因此能輕鬆地引導學習。我們很感謝您。

3. 另一封來函，可稱為遲來的勝利：

我的女兒曾經把您的一篇論文帶在身邊，大約長達1個月之久，遲遲不敢給她的統計學老師看。那篇論文是〈論以概率做為行動的根據〉（On Probability as a Basis of Action, *The American Statistician*, vol.29, no.4, 1975, pp. 146-152；譯注：此篇有中譯，參見《戴明博士文選》，台北：華人戴明學院，2009，頁337-358）。她終於鼓起勇氣交給了老師。在學期結束之前，老師向學生解釋，他所教的內容沒有用處，他們必須了解，由數據得出的推論是預

測：預測的對錯，並沒有特定的機率（assignable probability）；而標準誤差（standard error）與顯著性檢定，並不足以解決問題。

4. 不要因為你的兒女成績差就修理他們。1990年11月16日的《華盛頓郵報》（*Washington Post*）報導，巴爾的摩（Baltimore）的11萬個學童把成績單帶回家時，附帶有一封學校的信，呼籲家長不要由於子女的成績差而責備他們。

巴爾的摩的官員說，他們並沒有關於「成績單暴力」的統計數據。但是根據一位處理虐待兒童案件的檢察官及青少年諮詢委員會的成員梅納（Peggy Meiner）的說法，虐待案在成績單剛發下時會暴增，多到「值得我們的注意」。

第6章注

注1：阿爾菲・科恩（Alfie Kohn），《廢止競賽：競爭之弊》（*No Contest: The Case Against Competition*, Houghton Mifflin, 1986）。（譯注：阿爾菲・科恩的著作中，有數本已有漢譯）

注2：PDSA循環是我1950年到日本講學時所提出的，收入《品質的統計管制之基本原理》（*Elementary Principles of the Statistical Control of Quality*, JUSE, 1950，絕版。譯注：此書的修

正擴增版，在1970年代和前幾年，在台灣出版）。

注3：摘自《哈潑雜誌》（*Harper's Magazine*），1992年3月號，頁16。此文係引自萊斯特‧瑟羅（Lester C. Thurow）所著《世紀之爭：日本、歐洲、美國下一波的經濟戰》（*Head to Head, The Coming Economic Battles Between Japan, Europe, and America*, William Morrow, 1992）。

注4：取自《轉危為安》，第238~240頁。

注5：阿爾菲‧科恩（Alfie Kohn），《廢止競賽：競爭之弊》（*No Contest: The Case Against Competition*, Houghton Mifflin, 1986）。

第7章

紅珠實驗

巧合與因果不可混為一談。

——吉普西·蘭尼（Gipsie Ranney）

本章目的。本章的目的是要用紅珠實驗來教一些重要的原理。本章章末有這些原理的摘要。

紅珠實驗。在我的研討會中的紅珠實驗，由我擔任領班的角色。由於勝任的領班要花好幾個月才能訓練出來，所以我自己來擔任。實驗中的其他角色，由聽眾中的自願者來擔任。

所需材料（圖17）

- 4000粒木珠，每個直徑約3公釐（mm），其中800粒為紅色，3200粒為白色。

- 一個上有50個孔的杓子，可用來盛起50粒木珠（代表工作量）。

- 兩個長方形容器，其中之一可以放入另一個之內（以節省空間）。在我使用的材料中，珠子（放在一塑膠袋內）以及一個杓子放入小容器；小容器又可以放在大容器中。容器尺寸如下：

大容器　20公分×16公分×8公分

小容器　19公分×13.5公分×6公分

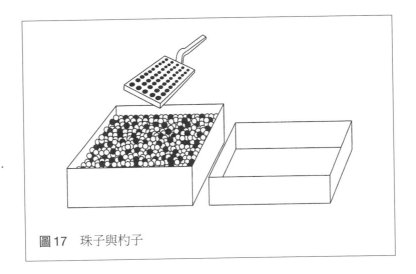

圖17　珠子與杓子

　　進料（4000粒紅白混合的珠子：800粒為紅色，3200粒為白色）是裝在上述大容器裏送達公司。

實驗程序

　　根據領班說明，公司計畫擴廠，以因應新顧客的需求。新顧客所要的是白珠，而不接受紅珠。可惜的是，進料中都有紅珠混入（白珠與紅珠混合著進廠）。

　　擴廠需要雇用10位新員工，所以公司這樣廣告：

誠徵10名員工，包括：

• 6位作業員，應徵資格是必須工作努力，教育程度不

拘,不必有倒珠子的工作經驗。

- 2檢驗員,要能區分紅珠和白珠,以及能夠計數至20即可,免經驗。
- 1位檢驗長,資格同上。
- 1位記錄員,必須寫字工整,擅長加法和除法,反應靈活。

研討會中有6位學員自願擔任作業員,走到講台上,站在右邊。

自願擔任檢驗員與檢驗長的人走到台上,站在左邊。檢驗長站在1號與2號兩位檢驗員的中間。

記錄員也由觀眾席中出來,站在講台上。領班向她說明目前暫時沒事可做,但薪水照領。

領班向工作人員說明,他們必須參加3天實習,以學習工作職責。在實習期間,他們可以提問題;一旦開始生產,就不得再提問題,也不得評論,只能埋頭做事。

我們的程序非常嚴格,不得與程序有差異,因而在績效上不致有變異。

記錄員將作業員、檢驗員以及自己的姓名記下。紀錄表以投影機放映在銀幕上,讓在座每位觀眾都可看見。

領班向自願的作業員說明,他們能否保住職位,完全視個人的績效而定。沒有什麼正式的解雇程序,被免職者只需

走下講台，去結算自己的工資。講堂台下還有數百個合格的人可以替代。不准人員辭職。（領班解釋他為什麼訂定此規則，因為在波士頓附近的塞勒姆酒店〔Salem Inn〕所辦的研討會上，有位自願作業員實驗做到一半，就吵著要辭職。因為他受不了自己的霉運。）

我們的工作標準如下：每位作業員每天取出50粒珠子；兩位檢驗員（實在太多了）分別獨立計算其中含有多少粒紅珠，並登記在紙上。彼此不得看對方的記錄。

實驗步驟

步驟1：將進料混合之。將珠子攪勻，倒入小容器內。做法是握住大容器的寬邊，將珠子由大容器邊角斜倒出，不必振搖。再以同樣的方法，將珠子由小容器倒回大容器。

步驟2：「產出」珠子。使用有50個孔的杓子取出珠子。握住杓子的長柄，把杓子插入大容器內攪拌，然後把杓子以傾斜44度的方式抽出，每個孔內都要有珠子。

步驟3：檢驗。作業員將「成果」帶給1號檢驗員，由他來檢視「成果」，並默默地登記其中紅珠的數目。作業員再將「成果」帶至2號檢驗員處，他也同樣默默地登記紅珠數目。接著由檢驗長比對2人的紀錄，如果數目不同，則必然有錯；如果相同，仍然有可能2人同時數錯。最後的數目

以檢驗長的點計為準,他會大聲宣布紅珠數目,然後說「退下」。

步驟4:登錄結果。記錄員在實習階段,並不需要做記錄。一旦進入正式生產,當檢驗長宣布結果後,她就要把紅珠數目顯示在銀幕上。在場的每一位觀眾也可以自己做記錄,以備往後繪製管制圖之用。

領班請自願作業員要注意我們的口號和海報(圖18)。這些對他們的生產會有幫助。

實驗結果

第一天。第一天的結果讓領班很失望(參見圖19)。他提醒作業員,他們的工作是生產白珠而非紅珠,這一要求,他在一開始就已講清楚了。

我們這裏實施依績效定賞罰的制度,要獎勵績效良好的人。顯然大衛值得加薪獎勵,因為他只產出4粒紅珠,可當我廠的最佳工人。

大家看一下提姆,他的績效最差,有14粒紅珠。

領班於是宣布,管理當局的目標數——每個人每天不得產出3粒以上的紅珠。

第二天。第二天的結果又再次讓領班失望,比前一天更糟。管理當局也在注意這些紀錄,成本已超過利潤了。領班

第1次就做對

以工作為榮

做個高品質工人

提高生產率

圖18　激勵員工的標語

說：「我在一開始就已經解釋過，你們的飯碗要靠你們的表現、績效。可是你們的績效一塌糊塗。看看這些數字，如果大衛昨天能夠只生產4粒紅珠，其他人也應該做得到。」

領班搞糊塗了，我們的程序很嚴謹，為什麼仍然有變異

作業員每天的不良品（紅珠）數的記錄。每人每天抽50個（批量）。

作業員姓名	日期 1	2	3	4	4天總和	5
史考特	9	11	7	8	35	16　11
史賓塞	6	11	11	9	37	8　10
賴瑞	12	7	5	5	29	6　9
斯里	11	10	13	9	43	
提姆	14	8	9	11	42	
大衛	4	11	12	12	39	
6人總和	56	58	57	54	225	60
累計平均數	9.3	9.5	9.5	9.4	9.4	XXX

下圖的左邊是1990年11月14日在那許維爾〔Nashville〕實驗結果。該管制界限可以做為未來預測的參考。本次實驗對於那許維爾的變異幅度的預測，是一個未來的實例。

$$\bar{x} = \frac{225}{6 \times 4} = 9.38$$

$$\bar{p} = \frac{225}{6 \times 4 \times 50} = .188$$

管制上限：
管制下限：
$$\bar{x} \pm 3\sqrt{\bar{x}(1-\bar{p})}$$
$$= 9.38 \pm 3\sqrt{9.38 \times .812}$$
$$= \begin{array}{l} 17.66 \longrightarrow 18 \\ 1.10 \longrightarrow 1 \end{array}$$

木珠數目：
總數：4000
紅珠：800
白珠：3200
使用第4號杓子

管制圖的解釋

本次的流程顯示它處於統計管制狀態。此結論是根據該程序的直接知識，以及6位作業員所遵循的程序。這是一個「原因是固定的系統」（constant cause system）的例子。其中沒有任何證據顯示，未來哪一位作業員的表現會比其他人更好。每位作業員以及每天之間的差異，都是源自系統本身的變異（共同原因）。

每位作業員都已全力以赴。

降低產品中所含紅珠的比率的方法之一，是設法降低進料中的紅珠數目（管理者的責任）。

此管制界限或許可做為未來繼續此相同流程的變異界限的預測使用。

檢驗員：某甲、某乙　記錄員：某丙　檢驗長：某丁

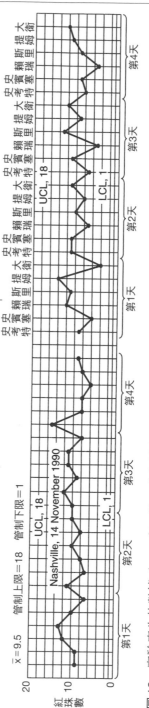

紅珠數
20
10
0
x̄=9.5　管制上限＝18　管制下限＝1
Nashville, 14 November 1990
— UCL, 18
— LCL, 1
第1天　第2天　第3天　第4天

圖19　實驗產生的數據（1991年1月16日在紐波特海灘〔Newport Beach〕所舉辦的品質提升研討會）；管制界限的計算；圖的解釋。圖的右邊：與1990年11月14日在那許維爾〔Nashville〕的實驗（圖的左邊）比較。請參照《轉危為安》〔圖38，第393頁〕

存在？

　　大家看一看大衛，這個接受加薪的人。他一定是讓加薪樂昏頭了，因為他變得十分大意，第二天竟然有11粒紅珠。

　　顯然賴瑞開始認真工作，由昨天的12粒紅珠進步到今天的7粒，值得加薪獎勵，當選為今天的最佳工人。

　　第三天。海報與布告都在宣示，第三天是公司的「零缺點日」，有樂隊演奏，在公司旗旁升起國旗，前一天晚上還舉行了提供乳酪與紅酒的派對。

　　但這一天的成果讓領班十分沮喪絕望，在零缺點日的表現，仍然沒有任何起色。

　　領班提醒工人，管理人員在看著數字，成本已超過，沒利潤可言。管理者貼出公告：如果第四天沒有大幅改進，公司準備要關閉工廠。你們的飯碗要靠你們自己的表現，我不是一開始就告訴過你們了？

　　第四天。這一天的成果仍然沒有改進，再次讓領班失望。但是他也帶來了一項好消息，上級主管中有人提出一個很棒的建議，決定留任3位績效最好的工人，讓他們繼續在工廠幹活。想想看，太棒了！這是出自我們管理者的構想。有史以來對於管理最了不起的貢獻，我相信你們必定以他們為榮。

　　3位表現最佳者為史考特、史賓塞和賴瑞。他們每天上

兩個班次以補足產量。其他3位去結算工資，不必再來了。他們已經盡力了，我們對他們深感謝意。

第五天。第五天開始了。結果並不如想像的好，領班與管理階層同感失望。領班宣布，管理階層決定要關廠，因為採取雇用最佳工人的妙構想，仍然沒有達到預期的績效。

最佳工人？雇用最佳的工人，讓工廠繼續營運的絕妙構想，到底出了什麼差錯？管理當局原來的（默許）期望，是要在未來有最佳的績效。

在過去，3位工人（史考特、史賓塞及賴瑞）的表現最佳。他們在競賽中獲勝，但那是過去的事了。他們被留下來繼續工作，而表現卻令人失望，也讓管理者的希望破滅了。事實上他們能在未來表現良好的機率，並不比其他3位離廠工人來得高。在6位工人中，必然有3位是前三名，但過去最佳的3位，要在未來同樣表現良好，機率並沒有更高。

管理者的職責並非從事競賽；管理是一種預測。（這是邁克爾·特威特〔Michael Tveite〕博士在1987年說的。）

一位叫安（Ann）的自願作業員的省思錄。一位叫安的作業員，在做完紅珠實驗之後，對我說了一些她的想法，頗具啟發性。我拜託她把這些想法寫下來，以下就是她的來信：

擔任過紅珠實驗的自願作業員之後，我學到的東西，遠多於統計理論。我當時雖然知道系統不容許我達成標的，但是我還是認為自己有能力做到，我也希望如此。我非常賣力去做。我感到有責任，幫其他人提高總成績。我的邏輯和情感相衝突，這讓我深感氣餒。邏輯上說，我絕對不可能成功。情感則說，只要嘗試，就可能成功。

在事過境遷之後，我思考自己的工作狀況。到底有多少時候，人們是處於自己無法掌握、卻試圖全力以赴的狀況？他們確實全力以赴。過了一陣子，他們的動力、關懷、期望，又會有什麼改變？某些人會變得冷漠，撒手不管。幸好還有很多人，只要有貢獻的機會與方法，還是會堅持下去。

你所謂的相同的條件是什麼意思？思考下面的問題，可以幫助你更了解「過程」的意義。「所謂持續相同的過程，究竟是什麼意思？」答案：

是指相同的珠子。如果改換珠子，結果就會不同。

是指相同的杓子。如果改換杓子，結果就會不同。

是指相同的程序，這表示是相同的領班。不同的領班將會產生相當不同的結果。

關於改換杓子，我們不妨看一下數字。我在這些年來一共用過4把杓子，暫且依先後順序稱之為一、二、三、四。

杓子編號	平均紅珠數
1	11.3
2	9.6
3	9.2
4	9.4

一號杓子是鋁製品，是在1942年，我一位服務於RCA公司坎頓（Camden）廠的朋友幫忙做的。我在美國的訓練班使用它，還帶去日本講習會使用。二號杓子比較輕小，便於攜帶，是HP公司的比爾・博勒（Bill Boller）先生幫我做的。三號杓子是用蘋果木製作的，很漂亮，但稍嫌粗大。四號杓子是用白色尼龍做的，由AT&T公司的雷丁（Reading）廠幫我做的。

經過長時期實驗的累積平均，4個杓子所得到的平均紅珠數，分別是11.3個、9.6個、9.2個與9.4個。這些杓子所得到的結果，差異頗大。就像有人付錢買的是雜質含量9.2%的煤，結果收到的卻是含9.6%雜質，他一定會懷疑出了什麼問題。

不論用哪一個杓子，沒有人能預測紅珠的平均值。

　　紅珠實驗的累積分布圖。圖 20 是至 1992 年 6 月 11 日為止所做的 53 次實驗中紅珠的分布情形，由我的祕書西西莉婭・克利安（Cecelia S. Kilian）所統計。其中有一次實驗出現 20 粒紅珠，比那次實驗的管制上限超出 1 粒。基於我對這項過程的透徹了解，我判斷那是一個「假資訊」，而不是表示有什麼特殊原因。

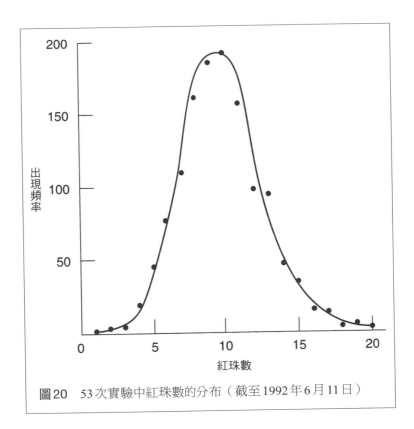

圖 20　53 次實驗中紅珠數的分布（截至 1992 年 6 月 11 日）

紅珠實驗的另一教訓。我們不能以進料中的紅珠比率之知識，做為預測產出中的紅珠比率的基礎。因為工人取出的木珠，並不是由原料中隨機抽出，而是採機械式抽樣而得出。

日本工程師參加過我在1950年和1951年的8天研討會之後，開始懷疑當時由一船鐵礦砂中抽樣估算鐵砂的方法。抽出的鐵礦砂樣本會交給化學家去化驗，以推定含鐵量比率。他們想要知道的是，一整船的鐵礦砂，究竟值多少錢？

當時取得樣本的方式，是由一船鐵礦砂的最表層取出數鏟，做為樣本。日本科技連（JUSE）的大宗物資抽樣委員會的主任委員石川馨（Kaoru Ishikawa）博士發現，在紅珠實驗中產出的紅珠比率，與進料中紅珠的比率並不相同，他因此開始鑽研日本所進口的鐵砂、煤、銅礦以及其他原料的抽樣方式。該委員會針對這個問題進行研究，一些結果如下表所示。請注意它的日期是1955年，也就是在我1950年夏天第一次輔導日本工程師之後的5年。

日本工程師發展出一套新蒐集樣本的一次抽樣（primary sample）法。當輸送帶把鐵砂由船上卸下，送至煉鋼爐或堆放起來的時候，將輸送帶隨機停止，再取樣。如此一來，整船鐵砂的每一顆粒，都有被選取為樣本的機會。如果用舊方法，則只有表層的鐵砂才可能成為樣本。

讀者可能會比較偏好新方法，並不是因為由此法所得到

的含鐵量比用舊方法為低，而是基於工程上的考量。新方法顯示，等級 A 的鄧根礦（Dungan Mine）和等級 D 的薩馬礦（Samar Mine）的含鐵量都降低約 10%，其他兩處鐵砂的含鐵量則降低 2%（都來自印度）。這種差異值得注意。

　　這個委員會開發的種種方法，經過持續修正之後，業已成為大宗物資抽樣的國際標準。

由新、舊兩種抽樣法所得含鐵量百分比
1955 年 12 月 22 日

礦場地	等級	舊法	新法	差異
鄧根	A	59.95	55.33	4.62
拉勒匹 （Larap）	B C	56.60 59.25	55.30 58.06	1.30 1.19
薩馬	D	55.55	50.42	5.13

紅珠實驗的啟示摘要

　　1. 本實驗其實是一個穩定的系統。在系統維持不變的情況下，作業員產出的水準及其變異，都是可預測的。成本也是可預測的。

　　2. 所有的變異──包含作業員之間產出紅珠數量的差異，以及每位作業員各天所產出紅珠數量的變異，都完全來自過程本身。沒有任何證據顯示，哪一位作業員比其他人更

高明。

　　3. 作業員的產出（白珠），顯示為統計管制狀態，也就是穩定狀態（參見圖19）。他們已經全力以赴，在現有狀況之下，不可能有更好的表現。

　　4. 我們從中學到，為什麼在考績制度或員工評級制中，將人員、團隊、銷售人員、工廠、事業部門排序，是錯誤的做法，它更會打擊士氣。因為員工的表現完全與努力與否無關，所謂排序，實際上是取決於過程在人員身上的作用。

　　5. 我們學到，以績效來決定給薪是完全沒有意義的。工人的績效如此低落，甚至失去工作，可是他們完全是受到工作過程的左右。

　　6. 領班給工人加薪或升級，當作是對他們的績效的賞罰。實際上，他所賞罰的只是過程的表現，而不是工人的表現。

　　7. 這個實驗展示了拙劣的管理。由於程序僵化，工人根本沒有機會提供改善產出的建議。難怪工廠會倒閉，工人會失業。

　　8. 每個人在工作上都有責任去嘗試改進系統，以提升自己與他人的績效。紅珠實驗的作業員是過程的犧牲品。在領班的規定之下，他們無從改進績效（例如以白珠替換紅珠，或者以第二杓替換第一杓，都被嚴格禁止）。

　　9. 管理者在沒有任何基礎之下，事先決定了白珠的價

格。

10. 檢驗員彼此獨立，這是正確的做法。檢驗員的結果一致（除了極少例外），顯示該檢驗系統是可靠的。如果紅珠的數目是由檢驗員共同算出的，我們就無法說檢驗系統是穩定的，而只能說他們會提供數字。

11. 如果管理者能與珠子的供應商協商，降低進料中紅珠的比率，將是美事一樁。

12. 即使事先已經知道紅珠在進料中所占比率（20%），對於預測產出中紅珠占多少比率，並沒有任何幫助。因為作業員並非隨機抽出珠子，而是採用機械式抽樣。機械式抽樣法不能告訴我們所抽中那批樣本的內涵（參閱《轉危為安》第11章，第397~398頁）。不過，一批又一批抽出的紅珠數，會構成一個隨機過程，也就是變異只是由共同原因或機遇原因（chance cause）造成的。

13. 管理者認定，過去表現最佳的3位工人，在將來也會有最佳的表現。這項假設，並沒有任何理論依據。3位工人贏得競賽，已是過去的事，並不足以保證他們在未來的相對表現。管理是預測，而不是從事競賽。

14. 領班是系統的產物。換句話說，他的思考方式，顯然是與管理者的哲學相一致。管理者交給他的職責是：只要生產白珠；而他的報酬是依工人的產出而定。

　　經由本章的說明，讀者或許可以利用紅珠實驗的啟示，來省思並了解自己的公司和自己的工作。

休哈特與管制圖

明智人緘口不言，直等相宜的時候；自誇和愚昧的人，
卻不看時機。

——《聖經舊約·德訓篇》（*Ecclesiasticus*）第20章第7節

1925年，我到芝加哥的西方電氣公司（Western Electric）
的霍桑廠區（Hawthorne Plant）上班，我聽到廠裏的人談起
貝爾電話實驗室（Bell Telephone Laboratories，譯注：後來改
稱為 Bell Laboratories，位於紐約西街463號）的休哈特（Walter A.
Shewhart）博士。（當時該廠區員工約46,000人，最多可容
納48,000人，其中有四分之一是檢驗員。）廠裏的人並不了
解休哈特博士在做些什麼，但知道他是個了不起的人，正在
設法解決他們所面臨的問題。西方電氣公司的主旨是追求產
品品質的一致性，好讓購買其產品的電話公司有信心。當時
西方電氣的廣告詞是「酷似如兩具電話機」（As alike as two
telephones，譯注：這是仿英文 be like two peas in a pod〔像豆莢內的
兩顆豆子一般相像〕。）

公司確實很有誠意，竭盡一切追求品質的一致性，可是
結果卻幾乎是適得其反。還好管理者明智地發現，公司必須
尋求外面的協助。

這個任務落在休哈特博士的身上。他發覺西方電氣公司
員工的做法，是把所有不利的變異都歸咎於某特殊原因，而
其實他們所觀察到的許多（甚至絕大多數）變異，卻是來自

共同原因。因此，比較有生產力的做法應該是改善流程。他們的做法，形同不斷地干預某穩定系統，致使結果愈形惡化。休哈特博士給世界帶來科學和管理的嶄新視野。

我有幸在1927年認識了休哈特博士，之後又多次在紐約的貝爾電話實驗室與他碰面。我也曾好幾次在他位於青山潭（Mountain Lakes，從拉克萬納〔Lackawanna〕鐵路的霍博肯〔Hoboken〕搭車約一小時）的家中，夜談甚歡。

我初到西方電氣公司報到的早晨，遵照指示找到位於五樓的切斯特·庫爾特（Chester M. Coulter）先生的辦公室。我被指派加入所謂的研究發展部工作，成員約有200人。部門負責人是H·羅斯巴赫（H. Rossbacher）博士。他非常重視學理，有一次我聽到有人向他抱怨某個新計畫過於理論化，他的答覆是，我們這裏如果還有點成就，都是由某些曾被視為過於理論化的研究開始的。他從來不提「**實用**」（practical）這個詞。

庫爾特先生警告我說，下班汽笛響起的時候，絕對不要待在走道上，否則會被女工的高跟鞋陣踩死，工廠不會留下陣亡紀錄的。我沒有遇到過這種狀況，但是卻了解他的意思。霍桑工廠有46,000位員工，我想其中大概有43,000人是女性。

變異的特殊原因與共同原因。關於品質的一致性與不一

致性，休哈特提出了新看法供大家思考。他看出變異有兩
種：源自共同原因的變異以及源自特殊原因的變異（注1）。
由於共同原因引起的變異，就長期而言，會使落點都在管制
圖（control chart）的管制界限之內。變異的共同原因，每日
相同，每批相同。變異的特殊原因則很獨特，並非共同原因
系統的一部分，而可經由落在管制圖之外的點所偵測出來。
這想法本身就可說是對於知識的一大貢獻。休哈特博士也提
出我們在第4章（第147頁）說明過的兩種錯誤，為方便起
見，在此重述如下：

錯誤1：把源自共同原因的變異，誤認為源自特殊原
因，而作出反應。
錯誤2：把源自特殊原因的變異，誤認為源自共同原
因，而沒有作出反應。

從兩種錯誤而來的損失。任何上述錯誤都會造成損失。
我們可以避免其中的一種錯誤，卻無法兩者都避免。任何人
都可以從現在起就保持沒有錯誤1的完美紀錄——只要把所
有不想要的結果都歸咎於共同原因即可。再也沒有比這更簡
單的了。然而如此一來，因為錯誤2所造成的損失的機會，
卻會變成最大。同樣地，任何人也都可以從現在起就完全避
免錯誤2，這也是很簡單的事，只要將任何不想要的結果，
都認定源自某特殊原因。但是如此一來，又會使錯誤1的損

失最大。

很可惜,我們往往顧此失彼,無法兩全其美,使這兩種錯誤都減為零。休哈特博士的另一大貢獻,是歸納出一個最佳做法的建議,只要遵循一些法則,就能讓錯誤1與錯誤2都只偶爾發生,而使長期間內由這兩種錯誤所導致的淨經濟損失,降至最低。

為達到上述目的,他創造出他稱之為管制圖,並制定出計算管制界限(control limit)的種種規則。首先將各點繪於圖上。如有某一點落在管制界限之外,它就是某特殊原因(他稱之為可歸咎原因)的訊號(矯正的可運作定義),顯示有採取行動的必要。我們應該設法分辨出該特殊原因,如果它可能再次發生,就應設法消除。另一方面,如果長期間內所有的點都落在管制界限之內,我們便可假設變異是隨機的,是由諸共同原因造成,並沒有特殊原因存在。

休哈特的管制圖在很廣的範圍內作用不錯。至今人們所提出的改進建議都還沒有超越它。

穩定系統;預測。當管制圖上沒有顯示特殊原因時,該過程稱之為處於統計管制狀態,或是處於穩定狀態。要預測其近期變異的平均值以及界限,可以有相當強的確信度(主觀的可靠性)。此時,品質和數量可預測,成本也可預測。這時「及時(生產)」(just in time)也才有意義。

在統計管制狀態之下，我們才能談該過程符合規格的能力。在非統計管制狀態之下，過程處於混亂的狀態，根本無從預測。

圖19的管制圖就是一個處在統計管制狀態的過程。第10章還有更多管制圖的例子，其中有一些處於管制狀態，另一些則顯示有特殊原因而引起的變異。

布萊恩・喬依納（Brian Joiner）博士指出（1992年7月28日），如果某一會重複發生的特殊原因沒被排除，流程不會穩定。而對不穩定的流程，我們無從預測其績效。

訊號錯誤是可能的。即使特殊原因確實存在，管制圖卻可能未能將它顯示出來。另一方面，也可能誤導我們去偵察不存在的特殊原因。

上述兩種假訊號的發生，都無法算出確定機率（若是這樣，就是對管制圖的意義的誤用）。我們只能說，這兩種錯誤訊號發生的風險都很小（在這一點上，有些統計品管的教科書有誤導）。

有人認為管制圖提供一種顯著性檢定（test of significance）——即超出管制界限的點，具有「統計顯著性」，這也是一項錯誤。這種假設會妨礙對管制圖的了解。其實，使用管制圖只是用以達成穩定狀態（統計管制狀態）的一個過程。

下一步。一旦達到統計管制，也就是長期間內沒有特殊

原因出現，那麼下一個步驟就是改善該過（流）程。當然，
前提是：比較改善的成本與經濟利益，評估是否值得投資。
改善或許可界定為：

1. 變異縮小
2. 平均值移至最佳水準（參考第278頁）
3. 兩者都做

改善的成本或許很低；但也可能很龐大，遠超出可預見
的經濟利益。

在人的管理上的應用。由於許多教科書的誤導，讀者往
往認為休哈特博士所提出的原理，最主要的貢獻在於工廠裏
的管制圖。實際上，這項應用僅占工業、教育、政府等各種
需求的一小部分（請參閱第81頁的表）。從本書各章節，我
們可知休哈特的貢獻，最重要的應用應該是在人的管理方
面，本書在許多地方都會提到這一點。

規格界限並非管制界限。如果我們不能分辨管制界限與
規格界限的差異，就可能造成重大損失。規格界限
（specification limits）並非管制界限，二者並無任何邏輯關
係。管制界限必須由實際的數據計算得出，如同紅珠實驗的
例子，就是依據6位自願作業員，每日產出的紅珠數目計算
而得（圖19）；規格界限則是由人為設定。

一個處於統計管制狀態的流程，雖然落點都在管制界限內，仍有可能產出10%的不良品，也就是100個產品中有10個不符規格，在規格界限之外。事實上，流程處在統計管制狀態中，甚至有可能產出100%的不良品。

如果有1點超出規格界限之外，表示必須對該產品採取行動，例如進行檢驗，將良品與不良品分開。如果有1點超出管制界限之外，表示必須找出流程中的特殊原因，如果它有可能再次發生，就應該予以消除。

我的論點是：管制界限與規格界限之間並無任何邏輯關連。一旦流程已達到統計管制狀態，我們就能了解流程的現在能力及明天的情況。管制圖正是流程與我們之間的對話（注2）。

代價昂貴的誤解例子（注3）

例1：問題。請詳細說明「符合規格」與「達到統計過程管制狀態」之間的差異。老闆認為符合規格就夠好了。

答案：可以經由好幾種方式達成符合規格：

1. 透過仔細的檢驗，將不良品與良品分開。但倚賴檢驗，風險高（hazardous）又花錢。
2. 針對生產流程下功夫，縮小以名目值（nominal value）為中心的變異。

此外，除非流程處在管制狀態之下，否則我們根本無法做任何預測。必須所有特殊原因（至少是目前已經發生者）都已查明並且消除，不然沒有人敢預測在下1個小時流程會發生什麼狀況。

生產的標的不應只侷限於達到統計管制狀態，同時也應縮小以指定值為中心的變異。只求符合規格是不夠的。

規格界限並不代表我們行動的界限。事實上，如果不斷調整過程以求符合規格，反而會造成嚴重的損失。

由於公司管理者的種種錯誤想法而造成的損失金額，究竟有多少？他們怎麼會知道？

例2：錯誤的方法。我曾看到一位工人在管制圖上畫了一點。這張圖上有一個管制上限；管制下限為零。我問他管制上限是如何算出來的？他回答說：「我們不計算管制上限，我們只是在認為適當的地方畫一條線。」

這樣做有什麼不對？他會使發生錯誤1或錯誤2的機率，比必要情況為高。至於會碰到哪一種錯誤，沒人知道。

我在一個研討會上提到這件事，某位與會的女士告訴我說：「有些書上就是教我們這樣做。」我回答：「拜託，Barbara，一定不是這樣，妳誤解了作者的意思。至少我希望是如此。」她馬上拿了一本書給我看，書上確實是這樣寫的。在以後的3週內，她又陸續給我看了另

外3本書，也都有同樣的說法。

初學者應慎選良師，否則遇上一知半解者，會造成很嚴重的損害。

例3：還是相同的錯誤。 我收到一封信，內容如下：

本公司經過重組，新聘了一位顧問（顯然也是個冒充內行的人），以正式授課和現場應用的方式，來教導與訓練有效督導的原理。我們合併了多項工作，廢除了過去的生產標準，並且以設備製造商所提供的該設備所能達到的最高速度當作新標準。萬一無法百分之百達到標準，現場督導必須負責找出原因。我們的維修、技術以及服務人員，則必須負責解決發現的問題。

那位顧問顯然弄錯了方向。他用製造商所提供的數字，當作管制下限（行動界限），等於是將共同原因與特殊原因混為一談，這會使得狀況更形惡化，也保證問題會層出不窮。

比較聰明的做法，是先在現有環境之下，使該項設備達到統計管制狀態。這時的實際績效，或許是製造商所說速度的90%、100%或甚至110%。接下來，是持續改進設備及其使用方式。

例4：如此明顯，如此徒勞。 有位大公司的副總裁告訴

我，該公司對產品的檢驗有一套嚴格的計畫。我問他：如何運用取得的數據？他的答覆是：「數據都在電腦內，對於我們發現的每項缺失，電腦都有紀錄及描述。**我們的工程師不會終止努力**，會去找出每項缺失的原因，找到才罷休。」

他覺得不解的是，為什麼兩年來所生產的不良管子的水準，一直穩定地維持在 4.5% 到 5.5% 左右？我的回答是：「貴公司工程師混淆了共同原因與特殊原因。他們把每一個錯誤，都視為特殊原因，去追蹤、求解（錯誤 1）。他們在穩定系統中，去找上下變動的原因，結果只是使狀況更惡化，根本無法達到目的。」

使用管制圖的流程圖。圖 21 顯示管制圖的繪製步驟及其應用。管理者必須決定在何時及何處使用管制圖；工程師與現場操作員則必須負責蒐集資料，並繪製管制圖，而且發現超出管制界限的點時，要找出特殊原因（圖 21）。一旦達到統計管制狀態，管理者可以決定是否還要針對共同原因下功夫，以改進該程序（參考圖 21 的右側部分）。

區分兩種意外事件。意外事件（不幸事件或特別幸運的事件）有兩種，分別由不同的原因造成：

類型 1：出自變異的共同原因。
類型 2：出自變異的特殊原因。

決定要管制／畫哪一品質特性。決定使用哪一種管制圖更恰當。決定搜集數據的計畫。決定管制圖的比例尺度來定格式。達成量測系統的統計管制。

開始作圖。考慮修正計畫。決定是否要繼續作圖或修訂計畫。

針對超出管制界限的點所指示的特殊原因來改善。

加上好運氣，達成統計管制。

對流程作一些明確的改善（縮小變異、改變水準）。有時基於經濟考量，可能暫時不作任何改變，此時暫停繪圖，不時地隔一段時間後再繪圖，以查驗是否仍維持統計管制。

工程師及與該工作有關人員的責任。通常由作業員繪製管制圖，辨認特殊原因並改善。

管理者的責任

圖21　使用管制圖的流程圖

　　為何這種區分很重要？答案是，如果不作這種區分，則努力減少未來不幸事件（或者增加幸運事件）的成果，將會令人失望。

　　對於類型1的意外，我們必須針對產生結果的原因（共同原因）來努力。

　　對於類型2的意外，則必須找出造成該結果的特殊原因，如果可能再度發生，就必須設法消除。如果我們未能區分這兩種原因，以致搞錯努力的方向，那樣只會使得狀況更惡化。現在以下表加以說明，或許有助於理解。

　　到底有多少意外是因為「分攤責任」所引起的？（第192頁）沒有人知道。

努力的效果

努力的方向	發生意外的來源	
	共同原因	特殊原因
針對因果系統（共同原因）	成效良好	成效不佳
針對特殊原因	成效不佳	成效良好

　　公路上的車禍。公路上的車禍，絕大多數是源自共同原因，如酒醉駕駛。其他一些常見的共同原因還包括：

• 路標不當或識別不清楚。

- 同一條路線上設定不同的速限，由時速30英里（約48公里）、65英里，甚至到75英里。

路標不當或識別不清楚屬於系統的過失，必然會導致車禍。不論是酒醉肇事，或路標設置不當／識別不清楚而導致的車禍，都不是特殊原因。（參考《轉危為安》第17章）

多談點意外。在一家旅館工作間的牆上，貼著：

本事業部已連續7天未發生意外。

（一天天過去，標語維持不變，還是寫著7天。）
其他標語：

意外可以避免。

還有：

閣下的安全是您自己的責任。

是嗎？一天某位顧問爬上海報旁的梯子，想要查看那裏一個計量器的刻度，結果梯子卻搖搖欲墜。如果跌了下去，一定會摔得四腳朝天。他的安全，真的是他自己的責任嗎？（取自《轉危為安》第358頁。）

錯誤的做法。某位檢驗員抱怨，說他在每週1次的檢驗

中，發現當天早上工廠裏有7個裝有毒性物質的容器，沒有適當的標示——沒有警告文字。誰必須為此失誤負責？是否應該找出那個人，通知他，這種錯誤不能再發生！

我請那位檢驗員提供過去6個月來每週的資料，把各點繪成圖，結果發現那是一個穩定的系統。如果檢驗員決定要責備應該負責的人（雖然他不知道是哪些人），要他們背負起責任，這只會使得狀況更壞——沒有警告標示的容器，會比過去更多。想要減少這種情況，必須了解導致未標示容器發生的過程，並改善它。畫一張流程圖，或許有幫助。

火災。最好的救火之道，就是不讓任何火災發生。不過，這是一個無法達到的數字標的，因此我們可能要退而求其次，也就是盡量減少火災的次數。消防隊應該設法了解市內或某一區域每週發生火災的次數，研究這究竟是穩定系統或非穩定系統，以利效率的改進。並不是每一次火災都是由特殊原因所造成的，我們不妨看看以下的實例。

某公司的總裁收到一封保險公司的來信，內容是，除非該公司能夠在未來的幾個月內，大幅減少火災發生的頻率，否則保險公司將要取消該公司的投保。

公司的總裁自然十分擔心。於是他發給全廠8,500位員工，一人一信，要求他們減少「製造」火災，否則火險將會遭到取消。他顯然誤把員工當成火災的元凶。

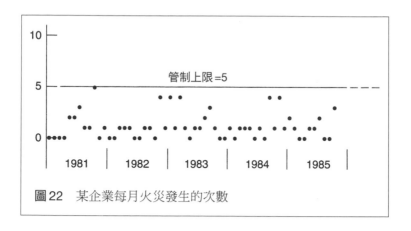

圖22　某企業每月火災發生的次數

　　我取得數據資料，把數據點繪成如圖22。我假定火災發
生的次數是泊松分布（Poisson distribution，譯注：泊松分布是
指稀有事件，如車禍或火災等發生的機率分布），平均每月1.2
次，由資料庫計算出的管制上限是每月5次，而圖中沒有任
何一點超出管制上限。

　　假如保險公司的人員具備變異的知識，並繪出圖22，那
就根本不會寄那一封信了。他們應該可以看出，火災發生的
系統是穩定的，同時，保險公司有充分的依據，可以計算出
合理的保費，讓自己有利可圖。

　　我們也可以相當肯定地預測，除非該公司管理者能針對
過程，採取降低火災發生的行動，否則過去使得火災發生的
系統仍會持續下去。

　　透過研究該公司火災發生的過程，也就是了解變異的共

同原因，可能有助於減少未來每月發生火災的次數。這種做法，不同於把每一次的火災都看成意外，是由特殊原因所造成。當然，無論是因為什麼原因引起火災，我們都要加以撲滅，但是，我們的目標是要減少未來火災發生的次數。而要減少火災次數，把每一次的火災視為由特殊原因所造成的意外，抑或將它看成穩定系統的產物，會導致出完全不同的對策。如果把每次火災皆視為意外，很可能會阻礙減少火災次數之路。

其他例子。貴公司員工缺勤的情形，是否具有穩定過程的特性？若是如此，只有靠管理者採取行動，才能改善。公司內任何一個部門或小組，是否在此缺勤系統之外？有特殊原因嗎？需要單獨地研究嗎？

供應商交貨時間的變異情形如何？貴公司交貨給顧客的時間變異，又如何？是呈穩定狀況，還是會因特殊原因而延誤？如果穩定，如何縮短交貨時間？

貴公司的工作意外狀況如何？變異穩定嗎？數據顯示意外是來自穩定的過程嗎？有任何意外是由特殊原因引起的嗎？

談點專家的業務疏失和醫療失誤（malpractice）。每件醫療、工程或會計上的怠忽職守之訴訟案件，都表示有人認為有特殊原因存在，也就是某個人有過失。如果具備一點關

於變異的知識，或許會導致不同的結論：事件很可能源自過程本身——一些行之已久的做法！

第8章注

注1：休哈特博士稱之為變異的機遇原因（chance causes）與可歸咎原因（assignable causes），我採用共同原因和特殊原因，這用語差異純粹是為了教學上的方便而已。

注2：歐文‧伯爾（Irving Burr）教授在《工程統計與品管》（*Engineering Statistics and Quality Control*, McGraw-Hll, 1953）當中這麼說。

注3：四個例子是摘自《轉危為安》一書，第401頁起。

第9章

漏斗實驗

譴責比忍氣吞聲好得多；而認錯者可免受傷害。

—— 《聖經舊約·德訓篇》第20章第2節

本章目的。本章的目的，在於舉例說明「（無知的）干預（tampering）會導致損失」的理論，也就是「單依結果來管理」制的缺失。實驗所需的所有材料幾乎任何廚房都找得到。

所需材料：

- 漏斗一個。一般廚房用的漏斗就可以，因為這實驗並非是實驗室級的。
- 一粒彈珠，直徑稍小於漏斗的，方便通過漏斗。
- 一張桌子，最好鋪上桌布，以便能標出標的點，以及彈珠落下後靜止的位置。

程序。首先在桌布上標出一點，做為標的。

規則 1。將漏斗口瞄準標的點。讓彈珠由漏斗口落下去，在彈珠每次的靜止位置標示記號。重複這樣瞄準、落下、標示共50次。

規則 1 的結果令人失望（圖23）。我們得到近似圓形的軌跡，範圍遠大於我們的預期。雖然漏斗口一直都是對準標的點，但是彈珠似乎會滾到任何方向，有時很靠近標的點，

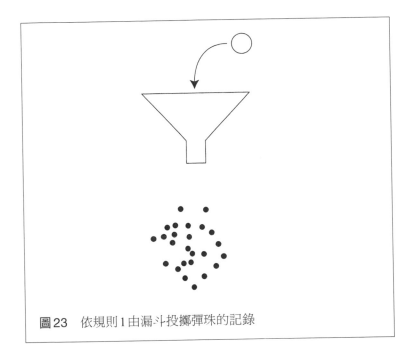

圖23　依規則1由漏斗投擲彈珠的記錄

下一次又落在標的點東北30公分，再下次則落在標的點西南15公分。

　　我們一定可以做得更好。為什麼不在每次彈珠落下後，就調整漏斗的位置，好讓下一次的結果更靠近標的點呢？因此，我們訂出了規則2。

　　規則2。根據每次彈珠落下後的停止位置，與目標位置之間的距離，將漏斗從現有的位置移動，以補償前1次的偏差。（例如彈珠停在標的點東北30公分處，則將漏斗由現在

位置往西南移30公分。）

　　結果呢，再次令人失望，這次得到的結果，比規則1的結果還糟（圖24）。假設偏差可能發生在任何方向，那麼依規則2的落點所形成的圓形，其直徑的變異數，是依規則1的直徑變異數的2倍。因此，依規則2所形成的概略圓形的直徑，是依規則1所得圓形直徑的1.41倍（$\sqrt{2}=1.41$）。

　　規則3。每次於彈珠落下後調整漏斗位置，但以標的點做為移動的參考點。按照落點與標的點的差距，把漏斗移往

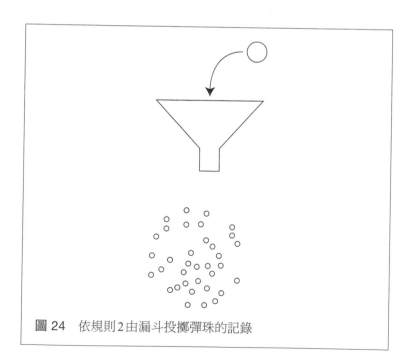

圖24　依規則2由漏斗投擲彈珠的記錄

與標的點等距但相反方向的位置，以補償前次偏差。規則3
的另一種說法是：

1. 將漏斗拿到標的點正上方。
2. 移動漏斗，補償上一次的偏差。（由吉普西・蘭尼
〔Gipsie Ranney〕博士所貢獻。）

結果更糟（圖25）。彈珠的落點來回移動，每次的幅度
愈來愈大。只有少數連續落點其來回震盪的幅度漸減，其後
幅度又恢復愈來愈大。

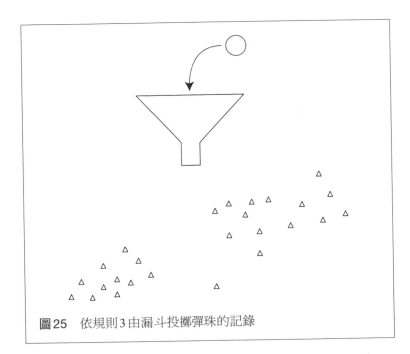

圖25　依規則3由漏斗投擲彈珠的記錄

　　失望之餘，我們不再嘗試去建立一條優於規則1的規則，現在只求達到一致性，而不一定要求距標的值的偏差。為此我們建立規則4。

　　規則4。在每次彈珠落下之後，就將漏斗移至該靜止點之上。

　　結果更是令人失望。彈珠的落點逐漸走向桌外，有人戲說到雲深不知處去了。

　　規則4可用科羅拉多大學威廉·皮滕波爾（William

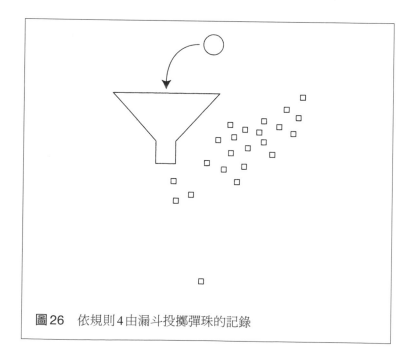

圖26　依規則4由漏斗投擲彈珠的記錄

Pietenpol）教授於1924年所描述的例子來詮釋。當時我是他的學生，正在修物理學與數學碩士。

有個人醉得不辨東南西北，卻又希望走回家。他走了幾步，步履蹒跚，站直之後，又走了幾步，也搞不清東南西北；又走了幾步，還是跌跌撞撞。如果這樣走下去，他走得愈久，回家的希望愈渺茫（注1）。

結論。規則1的效果是所有規則中最好的。我們對規則1不滿，因而制定了規則2、3、4，但結果卻是愈來愈差。

因此我們應採取的行動，並不是另行制定規則2、3、4，而是設法改善規則1的結果。以下就是一些建議：

1. 降低漏斗的高度。此舉會讓落點構成的近似圓形半徑縮小。這樣做的成本多少？不花分文。
2. 改用比較粗糙的桌布。這樣一來，無論採用哪一條規則，彈珠都不會滾動太遠。成本多少？11美元便可以了。

規則2的干擾實例

有個人的工作是將銅熔液灌入工模中，鑄出的銅鑄塊還熱騰騰的，每塊重326公斤。每次自動稱重的結果，會以斗大的數字出現在他的眼前。如果重量低於326公斤，他就以反時針方向調整操縱桿；如果重量超過326公斤，他就以順

時針方向調整操縱桿。

他的目的是讓每個銅鑄塊的重量都一致。可惜這位仁兄與他老闆都不知道，他上述的做法，卻造成適得其反的結果。他其實是在應用規則2。他領薪水所做的事，竟然是讓結果更壞。

他應該如何做？很簡單。把每次產出的銅鑄塊的重量，逐一點繪在紙上，然後，觀察它的趨勢，觀察是否持續在326公斤之上或之下。另一個更好的做法就是，利用重量的平均數與全距（range，又稱極差）來計算管制上限和下限，並繪製管制圖，例如，每次將連續四塊的值當作一小組，然後計算每一小組的平均數和全距，再畫出管制上限與下限，觀察各點在管制圖的分布情形。如果有超出管制界限的點，追究其特殊原因並設法去除，以免再次發生。如果平均數管制圖的中心線與設定的標準重量相差很多，可能就需要調整重量的水準。另一方面，思考一下：原先設定的重量是否合理？這必須要看銅塊預定的用途而定。

以下是規則2的另一些干擾實例：

1. 某些依據回饋而作調整的機制。（注2）

2. 只要一有產品不合規格，就調整製程。

3. 作業員常用的調整方式。

4. 為了目前的產出而調整工作標準。

5. 美國聯邦和州的立法單位對經濟狀況的干預。

6. 美國聯準會（Federal Reserve Board）調整利率的方式。

7. 由於單一顧客的抱怨而作出反應。（當然，為讓顧客高興，應不計代價。）

8. 證券市場對消息的反應。（見第10章）

9. 對謠言的反應。

10. 如果本批的基本原料濃度需要提高20%，便修改規格，將其濃度要求提高20%。

11. 逕依上一版本的設計，而未參照原始的構想，進行工程變更。

12. 領班在開工前，依據昨日的績效，重新設定製程。

13. 依據最新的顧客態度調查而改變公司政策。

14. 當乳酪太鹹時，將熟化乳酪用的滷水沖淡；而當乳酪不夠鹹，便在滷水中加鹽。

15. 持續依前次稅法的錯誤來修改稅法。

16. 持續改變醫療給付水準，每次改變都是想修正前次的錯誤。

17. 價格戰。甲公司大幅降低汽車售價，競爭對手將價格降得更低；甲公司再降低價格，其他公司也再次跟進。價格戰何時停止？誰是贏家？也許有某些顧客獲利，但社會整體會有損失，因為所有公司都將資金用於折扣戰中，而沒有錢從事研究和改善了。

　　近似規則2的例子（注3）。月底時，我們還有些原料沒有用完，因此在下一個月就少訂些原料。反之，如果本月底發現原料不足，就改採相反的動作。我們對於經費，也是如此處理，即依據前一年的狀況，來調整本年度的預算。

　　這算是規則2的例子嗎？或許是。但是如果剩餘或不足是由於經濟的蕭條或景氣，那麼前述的反應或許是錯的，或至少有部分是錯的。問題是，一個月的剩餘或不足，到底有多少是來自經濟狀況持續惡化或好轉？

規則3的干擾實例

　　1. 核子擴散。

　　2. 貿易障礙。

　　3. 毒品走私。政府加強查禁，會促使毒品的存量減少，結果市場上毒品的價格上漲。較高的售價又刺激毒品的走私進口，於是政府更加強查禁。這個循環持續不斷地進行，而且問題愈來愈嚴重，不知伊於胡底？依據《哈潑雜誌》（*Harper's Magazine*）的統計：美國每年查獲與沒收毒品的平均金額：

每位稽查員	124,000 美元
每隻緝毒犬	3,640,000 美元

（解決之道：引進更多緝毒犬）

4. 賭徒把賭注提高，希望把輸掉的錢贏回來。

規則4的干擾實例

1. 語言的演化。例如：拉丁語系（義大利語、法語、西班牙語、葡萄牙語）彼此之間的差異，以及它們與原始拉丁語的差異。

2. 未經文字記錄而代代相傳的歷史。

3. 聚集一堂，交換看法（沒有外力幫助）。

4. 民謠。

5. 工人接續訓練新手。

我問一位女士，現在的工作是如何學會的？她回答：由同樣職位的強哥、莉姊、阿美等工人教會的。而她做了沒幾天，就得幫忙訓練新手。之後，那位新手又去教後來的新手。

當然，實際在現場工作的人，確實對作業比較熟悉。但是由一位作業員教導下一位新作業員的方式，卻可能會造成作業方法愈來愈離譜。比較好的做法是，指定一位作業員負責訓練，最好能挑選一位熟悉作業又擅長教學的人。

6. 交響樂團的演奏者一位接一位，依序為樂器調音，而不是依相同的音源來調音。

7. 主管集會，商討面對新經濟時代該做些什麼。

8. 依據前一批貨搭配顏色。

9. 根據上一次會議實際開始的時間，調整本次赴會的時間。

10. 有樣學樣。在毫無理論基礎之下向範例學習。

11. 貼壁紙。

12. 生活成本的調整（COLA, cost of living adjustment）。工資依據生活成本來調整，反過來，生活成本又依據工資來調整。

13. 利用上一版的剪裁，做為次一版的樣版。

14. 玩「打電話」（telephone），或稱「郵遞」（post office）遊戲。8個或8個以上的人圍成一圈，其中某個人向他的鄰座輕聲講一句話，這個人再把這句話傳給隔壁，如此傳一圈後，原來的那句話，會變得如何？當然是愈來愈走樣！

再談點干預。一個穩定的過程，就是變異沒出現特殊原因；根據休哈特的說法，就是所要測量的特性處於統計管制狀態。它是一個隨機過程，在近期內的行為可以預測。當然，也有可能發生某種不可預見的變動，而使該過程脫離統計管制狀態。唯有過程在統計管制狀態時，才具有一個可界定的性質。

假如你經過一番努力，使過程達到了管制狀態，那就表

示，你已針對超出管制界限的各點，設法逐一找出了特殊原因。此外，即使是在管制界限之內，當連續幾個點出現某些型態時，也可能表示有特殊原因存在，你也必須嘗試找出該特殊原因，並設法將之消除。

　　一旦已經達成統計管制，下一個困難的問題才開始——改進系統。改進通常就是指降低變異（縮小管制界限）。有時，可能還需要把平均值（中心線）移高或移低。如果想要改進一個穩定的過程，就必須對該過程進行基本的改變。這種基本的改變，有時候非常簡單，例如，改善室內的照明。但有時可能很複雜，甚至所費不貲，需要更高的管理者的授權與花更多的努力，例如，增進客戶方的高階主管與供應商的高階主管之間的了解。

　　如果一個系統並不值得花錢改善，那麼不如轉移心力到其他更值得注意的系統。我們在第10章會利用損失函數來研究縮小變異的效果。（注4）

　　即使是穩定的流程，仍可能會產出不良品或發生錯誤，如果一有這種情況，就對流程採取行動，就是干預該流程。任意干預的後果，將會增加未來的不良品或錯誤，同時也增加成本——結果與我們想要達成的目的，適得其反。

　　例如在紅珠實驗中，如果我們在紅珠數目過高或過低時，將生產線停止，並試圖去找出原因，就是一種干預。為使產品符合規格而裝置各種新花樣工具，只會是干預，徒增

成本。（注5）

追溯過程的源頭，乃是找出缺陷與錯誤的重要著力點。缺陷來自何處？其起因是什麼？

特殊原因也可能不會再度發生。例如，瓦斯燃燒器的溫度過高，損毀了價值5萬美元的泡沫橡膠。根據一連串線索追蹤的結果，發現原因是地下瓦斯的品質出乎意外地好。這時沒有必要採取任何行動，因為這種情況在數十年內不會再發生。同時，顧客也很難採取什麼措施，來確保將來不會再發生同樣的問題。

另一方面，特殊原因或許會再發生。如果這樣，除非所需費用過於龐大，否則應採取行動，防範再發生。假如變成週期性（例如每週一早上10點）再發生，則來源的線索就很明確了。如果再發生的情況屬偶發性，就需要經過一番偵測才能找到源頭。

演示（注6）。為了要以實際數字說明漏斗實驗的各項規則，我們不妨把先前的紅珠實驗中工人每次取得的紅珠數（第214頁的圖19），拿來當作例子。假設以紅珠數的平均值（9粒）當作目標值，如此一來，可將9粒紅珠轉換為0；7粒紅珠轉換為-2；11粒紅珠轉換為+2。在4種規則下，第一次投擲都是對準目標，因此，在4種規則下第一次投擲的結果都相同。舉例來說，在規則1之下，漏斗每次投擲都是對準目標值。我們可以將結果計算如下表，並以圖27來表示。

投擲次數	規則1		規則2		規則3		規則4	
	漏斗位置	結果	漏斗位置	結果	漏斗位置	結果	漏斗位置	結果
1	0	0	0	0	0	0	0	0
2	0	−3	0	−3	0	−3	0	−3
3	0	3	3	6	3	6	−3	0
4	0	2	−3	−1	−6	−4	0	2
5	0	5	−2	3	4	9	2	7
6	0	−5	−5	−10	−9	−14	7	2
7	0	2	5	7	14	16	2	4
8	0	2	−2	0	−16	−14	4	6
9	0	−2	−2	−4	14	12	6	4
10	0	1	2	3	−12	−11	4	5
11	0	−1	−1	−2	11	10	5	4
12	0	2	1	3	−10	−8	4	6
13	0	−2	−2	−4	8	6	6	4
14	0	2	2	4	-6	−4	4	6
15	0	−4	−2	−6	4	0	6	2
16	0	4	4	8	0	4	2	6
17	0	0	−4	−4	−4	−4	6	6
18	0	3	0	3	4	7	6	9
19	0	−1	−3	−4	−7	−8	9	8
20	0	0	1	1	8	8	8	8
21	0	−4	0	−4	−8	−12	8	4
22	0	0	4	4	12	12	4	4
23	0	2	0	2	−12	−10	4	6
24	0	3	−2	1	10	13	6	9

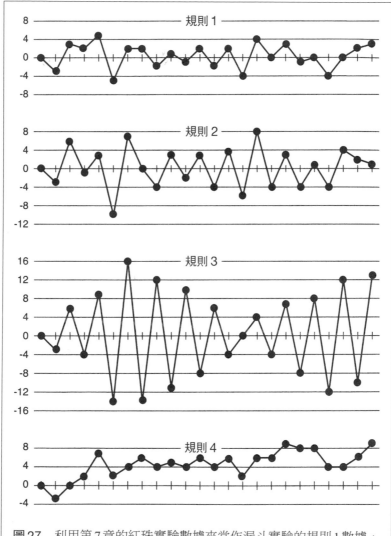

圖27　利用第7章的紅珠實驗數據來當作漏斗實驗的規則1數據，目標值為9。（依據上表中各規則的「結果」欄所繪製。）

第9章注

注1：這個問題的數學解，參見本人所著《某些抽樣理論》（*Some Theory of Sampling*, Wiley, 1950; Dover, 1984），pp. 454-466. 文中提到的解，我引用了瑞利勳爵（Lord Rayleigh）的論文〈論大量振動的數學物理學合力〉（On the resultant of a large number of vibrations），*Phil. Mag.*, vol. xlvii, 1899, pp. 246-251；以及他的書《聲音的理論》（*Theory of Sound*），2d ed.（1894），Sec. 42a;；還有他的《科學論文集》（*Scientific Papers*），vol. iv, p. 370。向目標值作最佳收斂的問題，請參考弗蘭克‧格拉布斯（Frank S. Grubbs），〈設定機器的最佳程序〉（An optimum procedure for setting machines），*Journal of Quality Technology*, vol. 15, no. 4, October 1983, pp. 155-208.（Grubbs博士所解決的問題，並非為漏斗實驗而作。）

注2：參考威廉‧謝爾肯巴赫（William Scherkenbach），《戴明修練I：品質與生產力突破；落實戴明理念的指示圖與路障》（*The Deming Route*），第30頁。

注3：感謝芭芭拉‧勞頓（Barbara Lawton）博士指出，此處所描述的措施，可能不是規則2的範例。

注4：參考威廉‧謝爾肯巴赫（William Scherkenbach），《戴明修練I：品質與生產力突破；落實戴明理念的指示圖與路障》（*The Deming Route*），第42頁以下。

注5：參考威廉‧謝爾肯巴赫（William Scherkenbach），《戴明修練I：品質與生產力突破；落實戴明理念的指示圖與路障》

（*The Deming Route*），第30頁。

注6：將紅珠實驗做為規則1的想法，我要感謝明尼阿波利斯（Minneapolis）市的邁克爾・特威特（Michael Tveite）博士的提醒。

第 10 章

一些變異的教訓

跌倒地下，比失言更好。

——《聖經舊約·德訓篇》第20章第18節

本章目的。本章的目的，在於介紹一些淺顯易懂的關於變異的道理。變異就是生活，或者反過來說，生活就是變異。沒有兩個人完全一樣；火車或飛機每天到站的時間也多少有些不同；無論搭乘哪一種交通工具上班，每天到達的時間都會不同；對於同樣的電阻作多次測量，儀器的讀數也必然有變異。

1920年，我們在懷俄明大學的威爾伯·希區柯克（Wilbur Hitchcock）教授的課堂上，每位工學院的學生都必須做出10塊「純水泥塊」、10塊「2比1」（譯注：應是指水灰比）的水泥塊，以及10塊「4比1」的水泥塊。

我們把水泥塊泡在水裏，讓它們硬化。3個星期以後，每位學生測量他的30塊水泥塊的壓碎強度。結果，10塊「純水泥塊」的測試值都不同，10塊「2比1」的水泥塊的測試結果也都不同；同樣的，10塊「4比1」的水泥塊的測試結果也不同。為什麼會這樣呢？它們都是我們親手做出的，似乎每塊都應該相同。我們由此學到了「變異」，同時也學到對於變異的一種測度，也就是所謂每批的機率誤差（probable error）。

我們在第4章提到教師需要了解「變異」，也好幾次談

到變異的共同原因及特殊原因。我們在第7章紅珠實驗看到變異的「共同原因」。我們也學習到，在人的管理上，區分共同原因和特殊原因相當重要。

為遲到找理由的小故事。沒有學過統計理論的人，無論教育程度多高，往往會把每件事都歸為特殊原因，無法了解共同原因和特殊原因的區別。一位在人壽保險公司上班的精算師，每天早上都遲到12至17分鐘。他每天總要向同事解釋發生了什麼事，為什麼今天會遲到。對他而言，每天早上都是全新的一天，沒有一個早上完全像今天的早上。他從來沒有想到，他所面對的是變異的共同原因（除非是遇到意外或大風雪），也從來沒有想到，只要提早20分鐘出門，就可以準時上班。不過，如果他每天都準時到達辦公室，或許他的生活就會顯得一成不變，就再也沒有故事可講了。

派翠克，11歲，與校車。我的朋友湯馬斯‧諾蘭（Thomas W. Nolan）博士和我談天的時候，帶了一張他兒子派翠克（Patrick）所畫的圖。我將他的圖重畫如圖28。派翠克把每天校車到達的時間記錄下來，並以圓點標示在圖上。他還把校車遲到的2天特別畫圈標明，並附註原因。想一想派翠克有個多麼好的開始！他在11歲的時候，就已經了解變異的共同原因以及特殊原因。他不必計算，就已辨認出校車那2天遲到有特殊原因，並且在他的圖上標明出來。

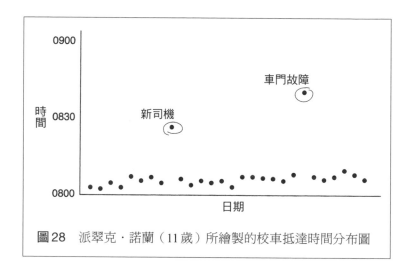

圖28　派翠克・諾蘭（11歲）所繪製的校車抵達時間分布圖

畫這種圖，有什麼困難嗎？派翠克在11歲時就精通了。事實上，這是他在學校做的科學研究計畫，這也是他一生中好的開始。

由此可見，一些變異理論的精髓，顯然在小學5年級就可以講授。學生在離開學校的時候，腦海中有的，應該是知識，而不僅是資訊。

哈羅德・霍特林（Harold Hotelling）教授認為，任何人如果不具備一些變異的知識，就不能算是受過教育。

容差，10%（注1）。許多公司都允許工程師對於計畫的估計費用與實際支出有10%的出入，這10%是任意決定的，並沒有任何根據。圖29是20個計畫的實際偏誤值，以其占

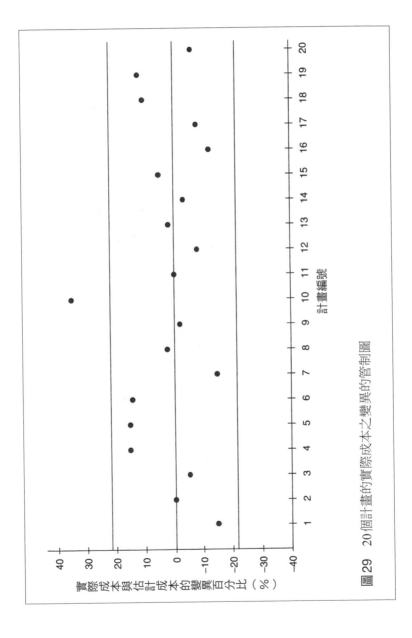

圖29　20個計畫的實際成本之變異的管制圖

估計成本的百分比表示。由圖中的管制界限顯示，這20個
計畫的自然變異（natural variation），是估計成本的上下
21%。

存貨，已電腦化的。對於產品的式樣或顏色相當多樣化
的製造商來說，存貨（手頭上保有的產品數量）相當重要。
公司最近已購置新式的電腦化系統協助登錄存貨，但在每種
產品銷售完成後，仍然進行實地盤點。盤點的數字與電腦的
數字之間如有差異，必須根據盤點的數字來調整電腦的數
字。

雖然兩者平均差異值接近零，但是由圖30的管制圖
（a）可以看出，個別種類存貨的差異，可能由−56個到+61
個。管理者因此決定，只有在電腦數字與實際盤點數字相差
大於61個時，才調整電腦數字。管制圖（b）顯示，這個調
整政策執行1個月之後，個別種類產品存貨的精確度大約改
善了30%，修正後的管制界限縮小為±43個，只有超出管
制界限時才進行調整。

下一步，可以去研究引起差異的共同原因，以求更進一
步降低變異。

銷售員。圖31顯示費城8位銷售員的業績。每位人員都
推銷A、B兩種產品。銷售數據是由一位銷售經理提供的，
我把這些數據畫在圖上。其中，1號推銷員在A與B兩種產

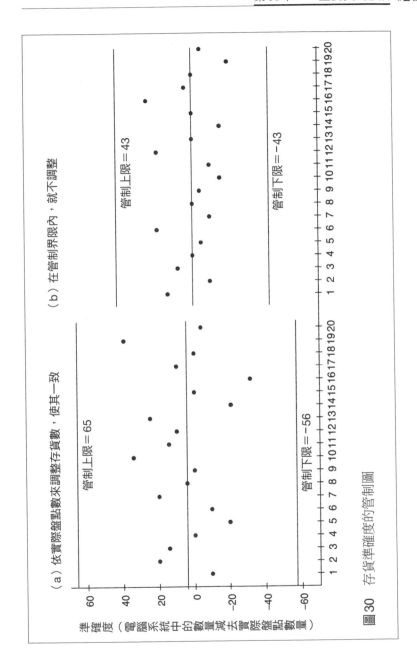

圖30　存貨準確度的管制圖

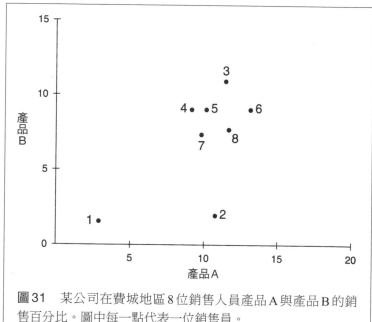

圖31　某公司在費城地區8位銷售人員產品A與產品B的銷售百分比。圖中每一點代表一位銷售員。

品的業績，顯然都與其他銷售員有相當的差距；2號銷售員產品B的成績偏低，但是產品A的成績不差。這位銷售經理有意換掉1號銷售員：「他顯然太不盡責了。」我詢問他負責的區域在哪裏？回答是在坎頓（Camden）。

　　你想要在坎頓推銷這些產品給大盤商和批發商嗎？問題可能出在坎頓，而不在這位銷售員。他可能比其他銷售員更賣力。他可能磨破更多雙鞋子，到處按門鈴，推銷產品，也可能打過更多的電話。但問題或許是出在他的責任區。

銷售經理應該如何做？如果責任區確實是問題，那麼結束在坎頓的營業，或許是個好主意。等到公司的產品品質改進，同時價格下降到一定程度，讓銷售人員能在坎頓與競爭對手相比時，再重新開始。

從貿易赤字的共同原因而來的衝擊。圖32顯示27個月份的美國貿易赤字。其中的上下變動告訴我們它是一個穩定的過程。然而，它的衝擊力卻迅速傳播全球。當然，不論是未來，或是過去，貿易赤字的變異可能有一部分是由特殊原因所造成，也代表我們經濟狀況真的有了改變。

新聞標題。以下這些常見的新聞標題，顯然是將每月貿易赤字的變動都視為特殊原因。

美國7月份貿易赤字縮小 為4年來最低
分析師大感意外

進口增加導致貿易赤字激增

9月貿易赤字79億美元 創6年來新低
低於預期水準

10月份美國貿易赤字上升

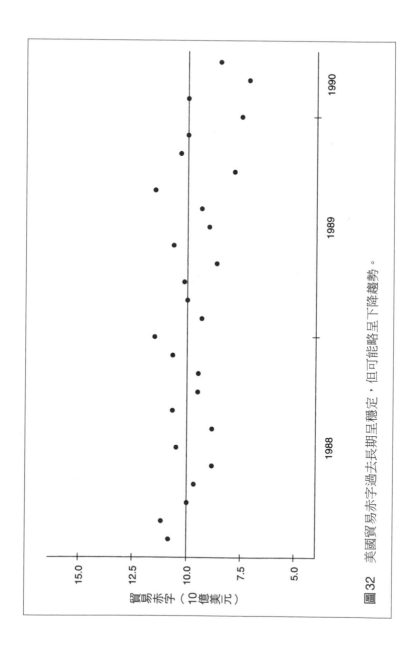

圖32 美國貿易赤字過去長期呈穩定，但可能略呈下降趨勢。

　　管理當局的任何一人，對於源自隨機變異的貿易赤字（逐日、逐月、逐年）的上下起伏，都不應該要求部屬提出解釋。——布萊恩‧喬依納（Brian Joiner）博士，1992年7月28日。

關於損失函數的使用

　　簡單的損失函數例子。損失函數（loss function）描述某些可調整的參數在不同數值下，該系統所遭受的損失。損失函數的運用範圍，應侷限在損失是可加以衡量的場合。

　　損失函數的最重要應用是可以協助我們，從只求「符合規格」的心態、觀念，轉換到透過對於流程的改善，持續將某目標值的變異縮小。

　　舉一個簡單的損失函數例子。例如某個研討會的所有人員的產出，以每小時若干美元來計算，而損失函數所顯示的，是產出依室內溫度而改變的情形。本研討會所有出席人員有各自的損失函數。為了簡化說明，假設每個人的損失函數均為一條拋物線，最低的點代表產出值最大時的溫度（圖33）。把所有人員的損失函數相加後，公司整體的損失函數也是拋物線。如果溫度偏離最適水準，就會有損失產生。

（譯注：可參考《戴明修練II：持續改善》〔*Deming's Road to Continual Improvement*, SPC Press, Knoxville, 1991〕，第251-260頁。）

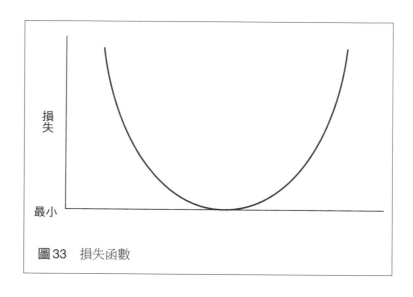

損
失

最小

圖33　損失函數

　　該拋物線與橫軸相切時，切點的左右各有一小段與橫軸幾乎重合。也就是說，由最適點偏離一小段距離，損失小到可忽略不計。因此，當室內溫度只比最適溫度高2度或低2度時，生產量的損失極少，可以忽略不計。

　　但是當遠離最適點時，則會有相當大的損失。總是有人必須支付這損失，田口玄一（Genichi Taguchi）博士稱之為對社會造成的損失（loss to society）（1960年9月）。我們不都曾經為了某些錯誤、故障、公司倒閉、乃至不當的管理付出代價嗎？

　　如果我們能夠導出有具體數字的損失函數，就可以計算該花在室內空調的合理支出是多少。保持溫度在最適溫上下

2度以內的費用是多少？3度、4度以內又是多少？產出的損失與空調費用的損益平衡點在哪裏？一般而言，對於損失函數只要有粗略的估計就足夠了。

　　損失函數通常並非對稱。有時候其中一邊會很陡峭，有時候則兩邊都很陡峭。舉例而言，為了使鋼片較容易焊接，需要加入鈀。但鈀的加入量如低於必要值，只是浪費，對焊接一點幫助也沒有；然而鈀的用量如高於10萬分之3，也是浪費，因它所能增加的利益相當有限。

　　我在《企業研究的樣本設計》（*Sample Design in Business Research,* Wiley, 1960）一書的第294頁，列出一個實際的損失函數。它顯示：只要盡量靠近樣本的最適配置（optimum allocation）即可損失最小。越接近越好。

　　另一例。以下再引用謝爾肯巴赫（William W. Scherkenbach）在《戴明修練 I》（*The Deming Route*, The George Washington University, Continuing Engineering Education Press, Washington, 1986）的第30頁所舉的例子。謝爾肯巴赫測量50件產品，這些產品在生產時都裝有一個輔助小機組，可自動調整，以保證產品符合規格。小機組的確執行了預設的功能，如圖34中之「開機」所示的理想曲線。謝爾肯巴赫把小機組關掉，再生產50件產品，其分布如圖中「關機」所示。因此，任一合理的損失函數將會告訴

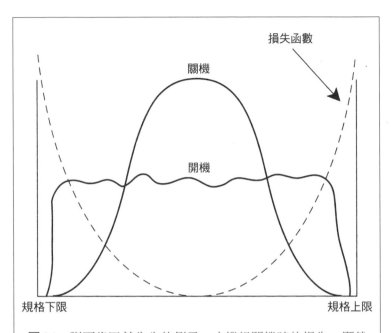

圖34 謝爾肯巴赫先生的例子。小機組關機時的損失,顯然遠低於開機時。

我們,小機組開著的損失,比關掉時更大。所以就算小機組達到了預定的功能,將它關著反而更好。

　　這個例子並非在否定使生產符合規格的輔助機組,而是要提醒我們,採用輔助機組究竟要做什麼?我們應該感謝損失函數所帶來的啟示。

　　我們應該注意,損失函數不必精確。事實上,並沒有

所謂精確的損失函數。只要有粗略預測的成本數值，就
已足夠發揮它的功能。

　　符合規格。經過前面的說明，我們應該了解，光只是符
合規格或無缺點，可能造成怎樣的損失。在這種狀況下，損
失函數如圖35所示，在兩個規格界限上，呈垂直上下，而
二者之間則損失為零。採用合格／淘汰的測試方式，就是只
求符合規格的一個例子。我們在後面將提到，這種做法可能

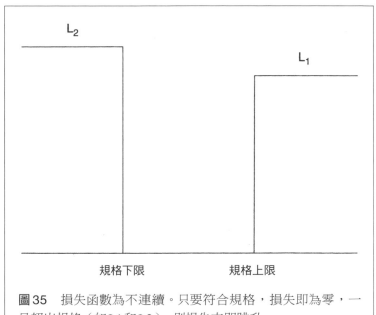

圖35　損失函數為不連續。只要符合規格，損失即為零，一
旦超出規格（如L1和L2），則損失立即跳升。

導致多麼嚴重的損失。

及時搭上車。再以趕火車或飛機為例,來談符合規格的問題。假設我們的時間價值為每分鐘 m 元,也就是圖36左側損失線的斜率;早1分鐘到達月台,將讓我們損失 m 元,早到2分鐘就損失 $2m$ 元等等。另一方面,如果沒趕上火車,我們的損失是 L 元。遲到半分鐘或遲到5分鐘,損失是一樣的。因此損失函數直接由0跳到L。

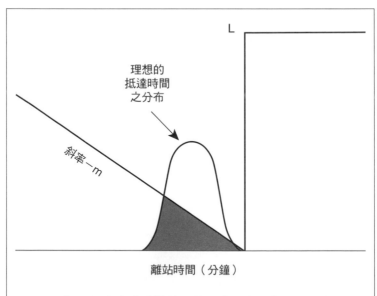

圖36　趕不上火車或飛機的可能損失函數。如果無法趕上,損失為L。

　　每天趕火車是一個重複事件，我們試著畫出我們抵達時間的分布曲線，其最右端（3個標準差界限）恰好為火車離站時間。換句話說，我們應用變異的知識之後，平均每日損失變成圖36損失函數下的陰影部分（注2）。

　　當然問題也可更複雜化，例如火車每天離站的時間也有變化，所以也可以畫出一個分布圖。在日本，到站時間3個標準差的界限可能是8秒鐘，但在其他地方，可能是半小時。把問題這樣複雜化，對於我們了解和應用損失函數並沒有幫助，因此我們就此打住。

　　另一個有點窘的例子，是我為了參加星期日早上11點15分的宗教禮拜，所碰到的停車問題。教堂的停車場可以停50輛車子，但這些停車位在10點50分左右，仍然客滿，因為做完上一場禮拜的車主仍在喝咖啡。等他們一離開，這些空位馬上就會被排長龍等待的車隊填滿。如果我想占到車位，就必須及早去排隊。晚到的人，在這裏找不到車位，必須到街上去找，但街上根本不可能有車位。因此，上策還是提早一點去等，承受等待的損失而能占到位子，總比由於遲到而全盤皆輸要好。

　　這項理論也可以應用到任何計畫的截止時間上。某人要求我必須在截止日期之前完成工作，萬一未能趕上時限，勢必會使計畫延誤或出錯。為了能準時完成，我擬定了工作內容與步驟的綱要。把各步驟的截止時間設為一個時段，比設

為固定的時點要好得多。如此，各步驟所花費的時間，可容許出現一些變異，不但較為從容，而且有時間做最後的修訂，計畫的價值可能因而更為提升。

名目值的優點。我們上文經常提到「萬萬不要以符合規格就滿意了」，在這裏，我們要用數學來說明這論點。那麼我們該怎麼做呢？假設生產函數為 $P(x)$，如圖37所示。我們的產出水準是在最低損失的位置嗎？假設損失函數為 $L(x)=ax^2$（拋物線），則 $x=0$ 時，損失為最小。至於生產的損失則是：

$$\int_{-\infty}^{\infty} L(x)\,P(x)\,\mathrm{d}x = f(\mu, \sigma)$$

顯然 $\mu=0$ 時損失最小。教訓：我們應該努力把生產 $P(x)$ 移向名目值（nominal value，或譯為標稱值），即 $\mu=0$。

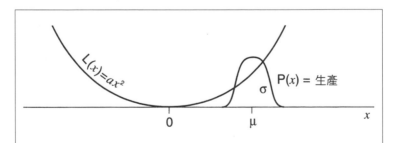

圖37　教訓：為使損失降至最小，要努力把生產 $P(x)$ 移向名目值，即 $\mu=0$

這並不是什麼新理論。此外,多年前約翰‧貝第(John Betti)先生在福特汽車公司所說的一段話,也值得引述。(注3)

我們美國人關心的是符合規格;相反地,日本人則關心一致性,盡力逐漸減少與名目值的變異。

教訓:某項產出的散布(dispersion)之量度本身,並不能做為成就的指標。事實上,中心所在的位置更為重要。我們當然應該努力使任何生產的散布盡可能縮小,但是那只是第一步。下一個重要的步驟是使中心位置在目標值(target value)上。

這些簡單的說明,可促使我們了解,如Cpk這種測度散布情況的量度毫無價值,因為對評估損失而言,一點意義都沒有。此外,只要放寬規格,就可以使該值低至任何數值。

不論是符合規格、零缺點或其他祕方,全都沒有切中要點!(唐納德‧惠勒〔Donald J. Wheeler〕1992年的論斷。)

第10章注
注1:以下多處引用湯馬斯‧諾蘭(Thomas W. Nolan)和勞埃德‧普羅沃斯特(Lloyd Provost)的論文〈了解變異〉

（Understanding Variation）, *Quality Progress*, May 1990, pp. 73-76。

注2：陰影部分並不代表真正的損失，而只是顯示損失的來源。要計算真正的損失，可參見亨利・尼夫（Henry R. Neave）所著《戴明向度》（*The Deming Dimension*, SPC Press, Knoxville, 1990）, Ch.12。

注3：此引文也出現在《轉危為安》第56頁。

附錄：物品與服務的持續採購

　　企業只依照價格標籤做生意嗎？我們在此要來看看幾種商業世界的樣子。任何定理在它自己的世界中都是真的。但我們是處在哪一個世界中呢？哪一個世界與我們有所接觸？這才是問題的根本所在。

世界1

1. 顧客知道自己的需求，並且能將他的需求用規格或其他描述的方式，傳達給供應商。

2. 要考量的只是支付的價格；完全沒牽涉到其他成本。

3. 有好幾家供應商都毫無疑問地能夠符合規格，彼此平分秋色，均分市場。

4. 供應商之間的差別，完全在於報價。在考慮了運輸及其他交易成本後，其中一家的價格最低。

5. 顧客對各供應商並無任何虧欠或偏見。

在此世界中，如果不和報價最低的供應商做生意，一定

是個傻瓜。

我們有時面對的正是這種世界。最切身的例子就是包裝食品。在方便去採購的三家雜貨店中,售價最便宜的,我們一定會跟它購買。

世界 2

1. 顧客知道自己的需求,並且能將他的需求用規格或其他描述的方式,傳達給供應商。

2. 有好幾家供應商或採購仲介都毫無疑問能按照規格供應。

3. 他們的報價都相同。

4. 然而,其中一家的服務比較好。他備有存貨,或是可取得存貨供應。他的交貨承諾可靠。當他說這星期四交材料,就會在這星期四準時送到,不會推拖說是下星期四。送貨的車輛一定是對的那種、車況清潔。他還會請專人在進料處指導顧客:該如何卸貨以避免毀損,或是提醒顧客注意溫度、濕度、存放方式,以免材料變形或老化。

在世界 2,顧客必然會選擇服務最好的供應商。(注1)

糖就是個例子,不會有人關心糖是哪家公司製造的。

不管誰製造、誰出售，糖就是糖，成分不會有什麼不同：99.8% 焦糖，0.2% 其他糖。所有 6 個商家的報價都一樣，都是「大宗商品交易所」列示的現貨價格。

世界 3

1. 如同前面兩種狀況，顧客知道自己的需求，並且能將他的需求用規格或其他描述的方式，傳達給供應商。不過，顧客可能會聽取供應商的建議，或可以考慮變更某些規格。

2. 顧客採購的價格並非他們唯一的成本。其他要考慮的還包括使用成本、採購的原料在製造過程中是否合用、最終出貨的品質如何等等。

3. 供應商的報價各不相同，其他交易的條件也都不一樣。有些供應商會注意每批交貨數量、需求的波動，以及從訂貨到交貨所容許的期限。有些則是願意建立長期合作關係，目的是要配合顧客在製程各階段使用原料的情況（當然可能是在次裝配），供需雙方共同努力作必要的安排，以期能使顧客提高績效，降低總成本。

在世界 3，顧客可能會難以選擇供應商。或許可以先將生意同時分給兩、三家，再進一步考慮。這可說是明智之舉。

顧客最終的目的是品質持續改善，成本不斷降低。因此就每一單項，明智地減少供應商家數，簽訂長期合約，這做法看來應該是正確的。

談雙向的合作。我們在此先打住，想一想現實世界裏實際的情況。任何值得往來的供應商，對於產品的認識，都一定非常深入，遠勝過要使用這些產品的顧客。

如果顧客與供應商能形成一個系統，使雙方均能雙贏，獲致最佳成果，這當然是好事。但合作是雙向的，顧客能善盡義務嗎？顧客的知識只足夠用來應付一家供應商，如果每項產品都有兩家供應商，他可能會難以應付。而兩家供應商都不會對顧客忠誠，他們都會以自己的利益為先。因此顧客就同一項產品，去與好幾家供應商往來，對自己並不利。

此外，供應商唯有能確保取得顧客長期關係的承諾，才能為系統的最佳化而努力。如果合約只有一年，供應商可能才把辦公室整修完畢，業務又已經落到競爭者的手裏了。

每一項目同時有好幾家來供應，彼此之間競相以低價爭取顧客（某些作者提倡的見解），這聽起來是不錯的想法，但事實上，即使有長期合約，這種想法也不過是空談而已。顧客與供應商之間建立起良好關係的可能性將被破壞掉。這種損失的金額，是無法知道的。

單一供應商的選擇，及主要考量的因素

某家有潛力的供應商是否有足夠的供貨能力？如果沒有，就不夠格列入單一供應商的考慮之列。事實上，兩家以上的供應商的產能，都被要求全產能出貨的情況並不罕見，我就見過由6家全力供應的。

如果某家供應商為了應付顧客的需求，必須在短期間內擴充產能，對雙方都未必是好事，因為品質會不穩，交貨會不準時，即使只是短期的陣痛，都很難消受。

驟然採行單一供應商制，顯然並不足取。這會有風險，要慢慢來。這種關係無法倉促建立。明智的顧客對於候選廠商會先考慮一些因素，諸如：

- 過去表現的紀錄。
- 有產能和能力來滿足顧客需求。
- 它的管理團隊是否採行新的管理哲學？
- 勞資關係。
- 管理階層更動的情況。
- 該公司在教育與培訓上花多少錢？
- 工廠現場員工的流動率。
- 是否借支過員工退休基金？
- 向銀行貸款的利率是多少？利率代表著銀行對這家供應商的風險評估。

- 與供應商的關係是否良好？還是有磨擦？
- 是否倚賴檢查來管制品質？還是有一套持續改善過程的系統？
- 它的所有者是誰？如果連所有者都不清楚，你敢和它往來嗎？
- 你身為顧客，對它來說的重要性如何？是否只占它營業額的一小部分？
- 這家供應商對我們的重要性又如何？
- 很重要的一點是，這家供應商熱切期盼在長期關係上與我們合作，而且能發揮專業知識，並願意採行新的管理哲學。

對任一品項都採取單一供應商的優點。 如果顧客與單一的供應商都能各盡其責，為系統的最佳化而努力，那麼雙方建立起長期關係，或許是明智之舉。

這樣做的好處有：

1. 顧客與供應商共同為彼此的利益與滿足而努力
2. 品質、設計、服務不斷改善
3. 成本持續降低
4. 雙方獲利提升

顧客與供應商的義務。 採行單一供應商制已形成一股風

潮，也許有些力道過猛。但怕的是，許多人可能尚未了解本身應盡的義務，就貿然建立這種關係。顧客對單一供應商有明確的責任：他必須專心致力，使得與供應商的關係達成最佳化。對顧客與供應商雙方而言，這可能都是一種新的關係。

以前那種只依價格標籤做生意的方式，各家供應商為了短期合約（常見的是一年期）而相互競爭。成為單一供應商時，所面對的將是一種新生活；他再也沒競爭對手可以注意。他與顧客單獨地面對面。（注2）

顧客對這家單一供應商負有義務，要對問題保持接觸，要協助他。供應商在交完貨、驗收之後，責任就已完了的時代已經過去了。

現在常見的做法是，供應商的職員都會注意顧客使用的情形和反應，設想如何降低使用時的不良率。反之，顧客也會拜訪供應商，了解他的問題並提供協助。

我曾問過費爾羅（Fiero）公司的工廠經理歐內斯特·謝飛爾（Ernest Schafer）先生，貴廠裏每天有多少供應商來訪？他說大概30位。「過去除非我們抱怨品質不良，威脅要斷絕往來，否則供應商根本不會來。」

一天要好好接待30家供應商，導引、陪伴、簡報、引見、共餐、款待，這可不是件輕鬆的事。

單一供應商會擔心的事。一般人都認為，單一供應商一有機會，就會脅迫你，抬高價格。事實上，這種情況根本不曾發生。當然，供應商可能因無心之過，而在預測時低估了自己的成本。他會很尷尬，只好懇求顧客幫忙，不然，他可能要關門大吉。

供應商是顧客自己選的，顧客會挑一個一有機會就要脅自己的廠商嗎？他能和這樣的供應商建立互信而愉快的長久關係嗎？

碰到災難時，怎麼辦？萬一因為失火、罷工、天災，或是被人收購，以致供應商結束營業呢？答案很簡單，麻煩是一定會有的，除非我們不是生在這個世界上。如果你的每一品項都有兩家供應商，那麼他們碰到天災人禍而停產的總機率，只會加倍。如果你想找更多的麻煩，就和多幾家供應商來往吧。

如果某項重要原料的單一供應商遭逢巨變，顧客該如何處理呢？趕快出門或拿起電話，找出另一家暫時或永久取代的供應商。這不是開玩笑，因為這種狀況的確會發生。

有人認為，這時可以找單一供應商，請他安排一家競爭廠商協助提供所需的原料或服務。這種想法頗有道理，因為如果單一供應商當初是因條件優越而中選，那麼他一定比顧客還了解競爭者的狀況及其實力，也知道他們的產品和自己的有什麼差異。

工程變更。顧客工程變更或有其他改變，可能導致供應商成本提高，該如何處理？

如果供應商已經儲存了大批原料的存貨，顧客就有責任協助解決問題。顧客應該買下這些原料，或是協助供應商賣掉。利用貿易雜誌刊登資訊，會是處理多餘存貨的有效方法。

> 舉例來說，某家鋼鐵公司購入了大量特殊鋼條存貨，幾星期之後，卻得知客戶計畫有變，這些鋼條將成為多餘的存貨。這時客戶應協助這家供應商出售存貨，而供應商也可以與一些競爭同業聯繫──也許其中有一家正好需要這類鋼條。

注1：這一想法是拜詹姆斯・謝爾曼（James Sherman）先生之賜，他當時在金佰利（Kimberly-Clark）公司尼納（Neenah）廠負責採購。謝爾曼先生在美國和加拿大共有53個運貨月台，而他只跟一家貨運公司往來。他期望這家貨運公司能提供良好的服務；在其服務範圍之外，也能夠與其他現場車輛好好地協調配合。謝爾曼先生願意給這家貨運公司好的待遇，好讓它完成所需的服務，並能從中賺些利潤。

注2：這段承蒙賈德森・科德斯（Judson Cordes）先生在1986年給予的協助。他當時是通用汽車公司奧茲摩比（Oldsmobile）引擎廠的經理。

圖表索引

譯名對照

E

Engineering Statistics and Quality Control 《工程統計與品管》
　　（Irving Burr著）

enumerative study　計數型研究

European Community　歐洲共同體

Exxon　艾克森石油公司

F

Faber-Castell　費伯—卡斯特爾

Federal Reserve Board　聯準會

Fiero　費爾羅公司

Fifth Discipline The 《第五項修練》（Peter Senge著）

Ford Motor Co.　福特汽車公司

Frankel, Lester　萊斯特・弗蘭克爾

funnel experiment　漏斗實驗

G

Gallery　加勒里家具公司

Geiger, Bob　鮑勃・蓋格

General Motors　通用汽車公司

Greenwich mean time　格林威治標準時間

Grubbs, Frank S.　弗蘭克・格拉布斯

H

Hacquebord, Heero　希羅‧哈克奎博德

Hansen, Morris H.　莫里斯‧漢森

Harper's Magazine　《哈潑雜誌》

Harris, Cureton　庫雷頓‧哈里斯

Hauser, Philip M.　菲利普‧豪瑟

Hawthorne Plant　霍桑廠區

Herr, Fred Z.　弗雷德‧赫爾

Hitchcock, Wilbur　威爾伯‧希區柯克

Hotelling, Harold　哈羅德‧霍特林

Hurwitz, William N.　威廉‧赫維茨

I

Interstate Commerce Commission, ICC　美國州際商業委員會

Introduction to Operations Research　《作業研究導論》（C. West Churchman, Russell L. Ackoff, E. Leonard Arnoff 合著）

Ishikawa, Kaoru　石川馨

Ivy League Universities　美國常春籐大學聯盟

J

Johnson, H. Thomas　湯馬斯‧強生

Joiner, Brian　布萊恩‧喬依納

Jones, John E.　約翰‧瓊斯

JUSE, Union of Japanese Scientists and Engineers　日本科學技術聯盟（日科技連）

K

Keller, Norb　諾伯・凱勒

Kilian, Cecelia S.　西西莉婭・克利安

Kimberley　金伯利礦場

Kimberly-Clark　金佰利公司

Klekamp, Robert　羅伯特・克萊坎普

Kohn, Alfie　阿爾菲・科恩

L

Langmuir, Irving　歐文・朗繆爾

Lataif, Louis　路易斯・拉塔伊夫

Latzko, William J.　威廉・拉茲科

Lawton, Barbara　芭芭拉・勞頓

Leitnaker, Mary　瑪麗・萊特納克爾

Lewis, Clarence Irving　克拉倫斯・歐文・劉易斯

Loss function　損失函數

M

Management Tasks, Responsibilities, Practices　《杜拉克：管理的使命》（Peter Drucker 著）

MBO, management by objective　目標管理

MBR, management by result　成果導向的管理

McIngvale, Jim　吉米‧麥金韋爾

merit system　依成績任用及升級制；考績排序制度

Mesabi Range　米沙比山脈礦場

M-Form Society, The　《M型社會》（William Ouchi 著）

Michigan Bell Telephone Company　密西根貝爾電話公司

Mind and the World Order　《心靈與世界秩序》（Clarence Irving Lewis 著）

Moriguchi, S.　森口繁

Motivation　動機

extrinsic motivation　外在動機

intrinsic motivation　內在動機

N

Nashua Tape Company　納舒厄膠帶公司

Nashua　納舒厄公司

National Productivity Review　《國家生產力評論》

Neave, Henry R.　亨利‧尼夫

Neenah　尼納

Nelson, Lloyd　勞埃德‧納爾遜

No Contest: The Case Against Competition　《廢止競賽：競爭之弊》（Alfie Kohn 著）

Nolan, Patrick　派翠克‧諾蘭

Nolan, Thomas W.　湯馬斯‧諾蘭

O

Oldsmobile　奧茲摩比

"On Probability as a Basis of Action"　〈論以概率做為行動的根據〉（W. Edwards Deming 著）

Operational definition　可運作定義（或譯為作業定義、可操作定義）

Orsini, Joyce　喬伊斯‧奧爾西尼

Ouchi, William　威廉‧大內

Out of the Crisis　《轉危為安》（W. Edwards Deming 著）

over-justification　矯枉過正

P

Pfeiffer, J. William　威廉‧法伊佛爾

Pietenpol, William　威廉‧皮滕波爾

Poisson distribution　泊松分布

Politz, Alfred　阿爾弗雷德‧波利茲

probable error　機率誤差

Provost, Lloyd　勞埃德‧普羅沃斯特

Pygmalion effect　期待效應；皮格馬利翁效應

Pygmalion in the Classroom　《教室內的皮格馬利翁》（Robert Rosenthal, Lenore Jacobson 著）

R

range　全距；極差

U

U.S. Air　全美航空

V

variation　變異

W

Webb, John　約翰・韋伯

WEDI, The W. Edwards Deming Institute　美國戴明學院

Western Electric　西方電器公司

Western Union Telegraph Company　西方聯合電報公司

Wheeler, Donald J.　唐納德・惠勒

Whitney, John O.　約翰・惠特尼

Win As Much As You Can　《盡可能去贏》（J. William Pfeiffer, John E. Jones 合著）

Y

Yoshida, Kosaku　吉田耕作

Z

zero defect　零缺點

國家圖書館出版品預行編目資料

新經濟學：產、官、學一體適用，回歸人性的經營哲學
／愛德華‧戴明（W. Edwards Deming）著；鍾漢清
譯. -- 初版. -- 臺北市：經濟新潮社出版：家庭傳媒
城邦分公司發行, 2015.12
　　面；　　公分. --（經營管理；127）（戴明管理經典）
譯自：The new economics for industry, government,
education
　　ISBN 978-986-6031-78-6（平裝）

1.企業管理　2.全面品質管理　3.領導

494　　　　　　　　　　　　　　　　　　104027162